KI als Zukunftsmotor für Verlage

Okke Schlüter
Hrsg.

KI als Zukunftsmotor für Verlage

Potenziale und Fallbeispiele für KI-Anwendungen in der Buchbranche

Hrsg.
Okke Schlüter
Hochschule der Medien
Stuttgart, Deutschland

ISBN 978-3-658-43036-8   ISBN 978-3-658-43037-5 (eBook)
https://doi.org/10.1007/978-3-658-43037-5

Die Deutsche Nationalbibliothek verzeichnet diese Publikation in der Deutschen Nationalbibliografie; detaillierte bibliografische Daten sind im Internet über https://portal.dnb.de abrufbar.

© Der/die Herausgeber bzw. der/die Autor(en), exklusiv lizenziert an Springer Fachmedien Wiesbaden GmbH, ein Teil von Springer Nature 2024
Das Werk einschließlich aller seiner Teile ist urheberrechtlich geschützt. Jede Verwertung, die nicht ausdrücklich vom Urheberrechtsgesetz zugelassen ist, bedarf der vorherigen Zustimmung des Verlags. Das gilt insbesondere für Vervielfältigungen, Bearbeitungen, Übersetzungen, Mikroverfilmungen und die Einspeicherung und Verarbeitung in elektronischen Systemen.
Die Wiedergabe von allgemein beschreibenden Bezeichnungen, Marken, Unternehmensnamen etc. in diesem Werk bedeutet nicht, dass diese frei durch jedermann benutzt werden dürfen. Die Berechtigung zur Benutzung unterliegt, auch ohne gesonderten Hinweis hierzu, den Regeln des Markenrechts. Die Rechte des jeweiligen Zeicheninhabers sind zu beachten.
Der Verlag, die Autoren und die Herausgeber gehen davon aus, dass die Angaben und Informationen in diesem Werk zum Zeitpunkt der Veröffentlichung vollständig und korrekt sind. Weder der Verlag noch die Autoren oder die Herausgeber übernehmen, ausdrücklich oder implizit, Gewähr für den Inhalt des Werkes, etwaige Fehler oder Äußerungen. Der Verlag bleibt im Hinblick auf geografische Zuordnungen und Gebietsbezeichnungen in veröffentlichten Karten und Institutionsadressen neutral.

Planung/Lektorat: Barbara Emig-Roller
Springer VS ist ein Imprint der eingetragenen Gesellschaft Springer Fachmedien Wiesbaden GmbH und ist ein Teil von Springer Nature.
Die Anschrift der Gesellschaft ist: Abraham-Lincoln-Str. 46, 65189 Wiesbaden, Germany

Das Papier dieses Produkts ist recyclebar.

Vorwort

Die Idee zu diesem Buch stammt aus der Zeit vor ChatGPT, dessen quasi-öffentlicher Zugang die Diskussionen wie auch die Use Cases rund um Künstliche Intelligenz (KI) seither so befeuert hat. Einen besseren Relevanznachweis kann man sich kaum wünschen: Er unterstreicht, dass man sich mit dem Thema befassen und sich positionieren muss. ChatGPT und andere KI-Anwendungen zeigen mit vielen Anwendungsbeispielen die Potenziale bei der Generierung und der Kuratierung von Content.

Da dies den Kern jedes verlegerischen Geschäftsmodells darstellt, haben der Börsenverein des Deutschen Buchhandels, die Medien- und Filmgesellschaft und die Hochschule der Medien im Frühjahr 2022 das Thema „KI und Verlage" aufgegriffen. Das Ziel war und ist, die Buchbranche bei der Integration von KI-Anwendungen in die eigene Wertschöpfungskette zu unterstützen. Diese Integration kann innerhalb des eigenen Unternehmens geschehen oder durch Dienstleister vorgenommen werden – man kann sich auch bewusst dagegen entscheiden. Entscheidend ist die Auseinandersetzung mit dem Thema.

Bei den KI-Anwendungen im Bereich Content-Generierung handelt es sich um eine Basisinnovation im Sinne Kondratjews (s. Beitrag Schlüter, Abb. 2): Viele maßgebliche Innovationen setzen darauf auf und prägen die aktuelle wirtschaftliche Entwicklung. Sich ihnen entziehen zu wollen, wäre vergleichbar mit der Ignoranz der Dampfmaschine im 19. Jh. oder der des Automobils im 20. Jh. – ein riskantes Verhalten, das die Zukunft des eigenen Unternehmens gefährden kann. Deshalb müssen im Jahr

2023 und darüber hinaus KI-Anwendungen zwingend auf der Agenda jedes Unternehmens in der Buchbranche stehen.

Künstliche Intelligenz ist – darauf wurde schon oft hingewiesen – streng genommen ein ungeeigneter Begriff für die aktuellen Anwendungen sogenannter schwacher Intelligenz (s. Beitrag Schlüter, Abb. 4). Es handelt sich genau genommen um lernende Algorithmen, die mit statistischen Verfahren arbeiten. Diese Einsicht erleichtert die Annäherung und den Einstieg in KI-Themen. Denn so allgegenwärtig das Thema ist, so sehr liegt das Schlagwort wie ein Schleier über allen möglichen Anwendungsgebieten. Um aber Einsatzmöglichkeiten und Potenziale zu diskutieren – und um gegebenenfalls Dienstleister zu beauftragen –, braucht man ein Grundverständnis.

An diesem Punkt setzt die Initiative „KI als Zukunftsmotor für Verlage" an. Sie will Unternehmen der Buchbranche animieren und dabei unterstützen, sich mit dem Thema zu befassen. Sie will darüber hinaus den Austausch zwischen Unternehmen anregen, die sich nicht primär als Wettbewerber, sondern als Branchengemeinschaft betrachten sollten. Denn die Substitutionsrisiken durch neue Wettbewerber (S. Beitrag Schlüter, Abb. 3) liegen außerhalb der Branche.

Den Auftakt der Initiative bildete eine Fachveranstaltung am 17. November 2022 in der Stuttgarter Stadtbibliothek: Nach einem Einführungsvortrag wurden drei Best-Practice-Beispiele aus der Buchbranche vorgestellt, die das anwesende Fachpublikum inspirieren sollten – und sollen –, den Weg ihres eigenen Unternehmens im Zeitalter Künstlicher Intelligenz zu bestimmen.

Aufbauend auf den Vortragsabend fand am 6. Dezember 2022 ein Workshop an der Hochschule der Medien (HdM) statt, in dem die Teilnehmer*innen aus Stuttgarter Verlagen konkrete Anwendungsfälle entwickeln und mit Experten der HdM diskutieren konnten. Dabei wurden in vielen Fällen die konkreten Ansatzpunkte identifiziert, zu denen der vorliegende Band seine Leser*innen inspirieren und leiten möchte. Aus Gründen der Vertraulichkeit sind die Workshop-Ergebnisse jedoch nicht Teil dieser Publikation.

Um über die präsentierten Fallbeispiele hinaus die Möglichkeiten der KI für die Buchbranche auszuloten und um Leser*innen mit unterschiedlichem Vorwissen einen Zugang zum Thema zu ermöglichen, wurde der vorliegende Band um einen Beitrag ergänzt: David Klotz beschreibt darin die technologischen Möglichkeiten dialogbasierter Sprachmodelle wie ChatGPT und deren mögliche Einsatzgebiete in der Buchbranche. Da der Beitrag nicht auf der o. g. Veranstaltung präsentiert wurde, folgt er direkt auf dieses Vorwort und wird den danach folgenden Vorträgen einleitend vorangestellt.

Die genannten Veranstaltungen waren bewusst als ein Auftakt konzipiert. Es war und ist klar, dass KI-Anwendungen die Unternehmen der Buchbranche mittel- bis langfristig beschäftigen werden. Die eigene Antwort auf die Herausforderungen muss man sich als einen Weg vorstellen, der durch verschiedene Phasen führt und in den meisten Unternehmen eher Jahre als Monate in Anspruch nehmen wird. Auch mit der elektronischen Datenverarbeitung hat jedes Unternehmen einmal begonnen, aber dieser Weg ist nie abgeschlossen: In gleicher Weise werden KI-Anwendungen ein fester Bestandteil der Buchbranche werden, der sich kontinuierlich – mal radikal, mal inkrementell – weiterentwickeln wird.

Diese Fallbeispiele und die daraus resultierenden Einsichten allgemein zugänglich zu machen, ist Sinn und Zweck des vorliegenden Konferenzbands. Sowohl über die Grenzen Stuttgarts als Veranstaltungsort hinaus wie auch allen Interessierten, die an der Veranstaltung am 17. November 2022 nicht teilnehmen konnten, sollen die Einsichten verfügbar sein. Dazu wurden die aufgezeichneten Vorträge transkribiert – ebenfalls mit Unterstützung Künstlicher Intelligenz: die verwendete Software Happy Scribe verwendet selbst ein generatives Sprachmodell (Large Language Model), das durch maschinelles Lernen (Machine Learning) trainiert wurde, um Audiodateien zu transkribieren.

Der Vortragscharakter und die mündliche Ausdrucksweise wurden bewusst beibehalten. Ähnlich einem Podcast werden die Expertenbeiträge in gut verständlicher und leicht rezipierbarer Form präsentiert. Sie sollen jegliche Einstiegshürden senken helfen und zur Auseinandersetzung mit dem Themenfeld ermuntern.

Für die Lektüre aus dem Blickwinkel eines Unternehmens der Buchbranche empfehlen sich eine Reihe von Leitfragen:

- Welche Teile unseres Angebots, unserer Dienstleistung oder unserer Wertschöpfungskette betreffen die Anwendungsmöglichkeiten Künstlicher Intelligenz?
- Kann es dadurch zu einer Substitution des Kundennutzens und nachgelagert zu einer Schwächung des eigenen Erlösmodells kommen?
- Wie könnten KI-Anwendungen für die Geschäftstätigkeit des eigenen Unternehmens genutzt werden? (intern/extern, selbst oder bei Dienstleistern)
- Welche Vorbereitungen wären notwendig, um in absehbarer Zeit lernende Algorithmen (s. o.) einzusetzen?

Diese Fragen sollen bei der Annäherung an KI-Anwendungen im Anschluss helfen. Eine sehr häufige Einsicht kann vorausgeschickt werden: Die Datenbasis muss verbessert werden. Die Verfügbarkeit strukturierter Daten kann als eine absolute Grundvoraussetzung für KI-Anwendungen gelten. Dabei geht es nicht nur um Datenbanken oder Server, auf denen diese Daten liegen. Es geht selbstverständlich um das Know-how im Unternehmen, um die Mitarbeiter*innen, die mit diesen Daten umgehen und sie zu nutzen wissen.

Dadurch wird deutlich, dass das Thema KI-Anwendungen in der Buchbranche auch ein Thema für Recruiting und Personalentwicklung ist. An der Spitze der Kompetenzpyramide stehen Data Scientists, die KI-Anwendungen (weiter-)entwickeln, Algorithmen entwickeln, Machine-Learning-Anwendungen trainieren und dergleichen mehr. Sie sind aber nur die Speerspitze und benötigen Kolleg*innen, die sich mit Datenstrukturen auskennen und sie mit den benötigten Daten versorgen. Analog zur einstmaligen Einführung elektronischer Datenverarbeitung ist heute auch nicht jede*r Mitarbeiter*in ein*e Anwendungsentwickler*in. Aber so wie alle in einem Unternehmen heutzutage ein Grundverständnis von IT-Anwendungen mitbringen, werden in Zukunft alle über ein Grundverständnis von Daten und KI-Anwendungen verfügen müssen. Deswegen ist ein KI-Grundwissen ebenso eine Aufgabe für die Personalentwicklung, wie es bei der Einstellung neuer Mitarbeiter*innen beachtet werden muss.

Durch die bislang genannten Aspekte beinhalten KI-Anwendungen auch ein Changemanagement: Arbeitsprozesse und Arbeitsplätze verändern sich, innerhalb des Unternehmens wie auch bei Lieferanten und Kooperationspartnern. Da besonders Verlage in der Regel über ein breites Netzwerk von Lieferanten und Partnern verfügen, gestaltet sich das Changemanagement entsprechend komplex: Gesprächsbedarf besteht ebenso mit den Urheber*innen wie auch mit Dienstleister*innen, in welcher Weise KI-Anwendungen genutzt und integriert werden sollen. Wie immer bei Technologien mit Rationalisierungspotenzialen sind diese Diskurse recht emotional besetzt und erfordern Empathie und Geduld.

Dies leitet zu einem weiteren Aspekt von KI-Anwendungen über, der in den Vorträgen nur gestreift wird, deshalb langfristig aber nicht weniger bedeutsam ist: der ethischen Dimension. Der Blickwinkel der Vorträge und dieses Konferenzbands insgesamt ist im weitesten Sinne unternehmerisch: Er stellt Fragen zur Geschäftstätigkeit von Unternehmen, beleuchtet Chancen und Risiken und soll helfen, die Zukunftsfähigkeit einer Branche zu sichern. Die Gesellschaft jedoch ist ein wichtiger Stakeholder dieser Unternehmen und ihre Mitarbeiter*innen sind gleichzeitig mündige und wahlberechtigte Bürger*innen einer Zivilgesellschaft. Auch diese Gesellschaft muss diskutieren, wie sie KI-Anwendungen einsetzen möchte, welche sie zulassen und in welcher Weise einschränken möchte. (Urheber-)Rechtliche Fragen sind für die Buchbranche zentral, da sie davon lebt, Rechte zu verwerten. Auch fiskalische Fragen sind zu diskutieren, wie etwa die mit KI-Anwendungen erwirtschafteten Umsätze zu besteuern sind. Diese Fragen werden im vorliegenden Band nicht diskutiert, trotzdem gehören sie natürlich zum Themenfeld der KI-Anwendungen im Bereich der Generierung und Kuratierung von Content.

Stuttgart, Deutschland Okke Schlüter

Danksagung

Dass der vorliegende Konferenzband in dieser Form erscheinen kann, wurde nur durch eine Reihe außergewöhnlicher Beiträge möglich. Dies ist zunächst der produktiven und engagierten Zusammenarbeit mit der Medien- und Filmgesellschaft (MFG) und dem Börsenverein Baden-Württemberg zu verdanken. Gemeinsam mit der Hochschule der Medien wurde eine Veranstaltung mit Vorträgen und darauf aufbauenden Diskussionen konzipiert und umgesetzt. Dank gebührt dabei der Stadtbibliothek Stuttgart, in deren Räumlichkeiten und mit deren Unterstützung die Veranstaltung einen würdigen Rahmen fand. Ohne die finanzielle Förderung des Wirtschaftsministeriums Baden-Württemberg wäre all dies freilich nicht umsetzbar gewesen, auch dafür sind wir sehr dankbar.

Inhaltlich haben die Vortragenden den Abend geprägt, insbesondere von den drei Fallbeispielen haben die Teilnehmer*innen sehr profitiert – was nun hoffentlich auch die Leser*innen so empfinden. Last but by no means least hat der Springer Verlag durch seine Aufgeschlossenheit und Unterstützung zum Gelingen dieser Publikation beigetragen und damit anschaulich gezeigt, wie Verlage die „digitale Transformation" unterstützen: Die transkribierten Audioaufnahmen wurden sorgfältig lektoriert, im Ergebnis entstand eine Art verschriftlichter Podcast, der den mündlichen Duktus mit einer guten Auffindbarkeit durch Suchmaschinen kombiniert.

Wenn der vorliegende Band sich inhaltlich auch auf eine einzelne Veranstaltung bezieht, so versteht er sich grundsätzlich als Beginn einer Serie oder eines Diskurses: einer Serie regelmäßiger Veranstaltungen in den nächsten Jahren, eines dauerhaften Diskurses zu den Potenzialen von Künstlicher Intelligenz für die Publishing-Branche. Da das Thema uns noch lange beschäftigen wird, soll der Austausch verstetigt werden.

Neben dem in einer Publikation sichtbaren Teil wie Texten und Abbildungen verbirgt sich gerade hinter einer Buchpublikation viel Projektmanagement, umso mehr bei verschiedenen Urhebern. In diesem Zusammenhang gebührt neben den zuvor genannten Personen und Organisationen zwei Mitstreiterinnen mein ausdrücklicher Dank.

Dr. Elke Flatau hat den Band als erfahrene Lektorin souverän und mit konstruktiver Kritik betreut. Ihrem Blick von außen verdanken wir viele Verbesserungen und Anregungen.

Nicole Fröhlich, M. Sc. an der Hochschule der Medien Stuttgart, hat mit beharrlicher Geduld und produktiver Gründlichkeit das Projektmanagement übernommen. Ohne sie hätte dieser Band nicht in diesem Zeitrahmen erscheinen können.

Stuttgart, Deutschland Okke Schlüter
Juli 2023

Inhaltsverzeichnis

Mögliche Einsatzgebiete von Künstlicher Intelligenz im Verlagswesen 1
David Klotz

Begrüßung 25
Ellen Koban und Reinhilde Rösch

Künstliche Intelligenz: Hype oder Handlungsfeld – eine kurze Einführung 29
Okke Schlüter

Künstliche Intelligenz im Einsatz am Beispiel des Wissenschaftsverlages Springer Nature 45
Henning Schönenberger

Digital Publishers 55
Marc Hiller

Künstliche Intelligenz als Sparringspartner im Verlag 67
Michael Griesinger

Ausblick 79
Okke Schlüter

Autorenverzeichnis

Michael Griesinger ist Projektmanager bei der PONDUS Software GmbH und unterstützt im Bereich PONDUS RADAR die Entwicklung von Business Intelligence- und Künstliche Intelligenz-Lösungen für die Buchbranche. Zuvor war er als Key-Account-Manager und Verkaufsleiter im Vertrieb bei Suhrkamp und Piper.

Marc Hiller ist Verlagskaufmann und Betriebswirt. Von der Tageszeitung, über den Zeitschriftenverlag, großen Internetplayer bis hin zum Buchverlag deckt er mit seinem Know-how und Berufserfahrung die verschiedenen Aspekte der Verlags- und Medienlandschaft ab. Seit 1999 in verschiedenen Positionen in der Medienbranche für das digitale Geschäft verantwortlich, gründete er Ende 2013 dp DIGITAL PUBLISHERS und entwickelte das Unternehmen zu einem der führenden, unabhängigen Digitalverlag im deutschsprachigen Raum.

Prof. Dr. David Klotz ist Professor für Wirtschaftsinformatik und digitale Medien an der Hochschule der Medien Stuttgart. Er ist Mitglied des dortigen Institute for Applied Artificial Intelligence (IAAI) und einer seiner Lehr- und Forschungsschwerpunkte ist die Anwendung von Künstlicher Intelligenz im Rahmen von betrieblichen Anwendungsszenarien. Vor seiner Berufung an die HdM war er mehrere Jahre als IT-Strategieberater für PricewaterhouseCoopers und IBM tätig.

Prof. Dr. Okke Schlüter ist Professor für Medienkonvergenz im Studiengang Mediapublishing an der Hochschule der Medien Stuttgart. Dort arbeitet er auch im Institute for Applied Artificial Intelligence (IAAI) mit. Zuvor war er in Führungspositionen in Unternehmen der Klett-Gruppe tätig. Seine Lehrgebiete sind neben der Medienkonvergenz vor allem das Innovationsmanagement (Publikation DesignAgility 2017/2019), digitale Geschäftsmodelle und Corporate Publishing. Forschungsschwerpunkt sind Innovationsmethoden, neben Deutschland auch in USA/Kanada. Zum Thema Künstliche Intelligenz in der Verlagsbranche arbeitet Schlüter eng mit dem Börsenverein des Deutschen Buchhandels auf Bundes- und Landesebene zusammen, wie auch mit der Medien- und Filmgesellschaft Baden-Württemberg (MFG).

Henning Schönenberger, Vice President Content Innovation bei Springer Nature und Sozialwissenschaftler, entwickelt innovative Lösungen für die Erstellung wissenschaftlicher Inhalte. Neben verschiedenen Positionen im Produktmanagement und in der Datenentwicklung verfügt er über langjährige Erfahrungen im professionellen Software- und Marketingtraining. Er war Initiator und Projektleiter für das erste KI-generierte Wissenschaftsbuch, das bei Springer Nature veröffentlicht wurde, und hat in den vergangenen Jahren eine Reihe von KI-basierten Prozessen in der Produkt- und Publikationslandschaft des Verlages erfolgreich eingeführt, zum Beispiel die automatische Übersetzung, Zusammenfassung und Klassifikation wissenschaftlicher Texte. Henning Schönenberger leitet die AG Fachbuch, eine gemeinsame Arbeitsgruppe des Börsenvereins des Deutschen Buchhandels und der Deutschen Fachpresse.

Mögliche Einsatzgebiete von Künstlicher Intelligenz im Verlagswesen

Zur Einführung

David Klotz

Zusammenfassung

Künstliche Intelligenz (KI) bietet Fähigkeiten, die für das Verlagswesen von großem Interesse sind. Insbesondere dialogbasierte, umfangreiche Sprachmodelle wie ChatGPT oder KI-Modelle zur Bilderzeugung wie DALL·E scheinen als Werkzeuge für die Unterstützung typischer Verlagsaufgaben geeignet. Dieser Artikel trägt aktuelle KI-Fähigkeiten in Bezug auf das Verlagswesen zusammen und erörtert, wie sie für einzelne Aufgaben in der Wertschöpfungskette von Verlagen angewendet werden können. Abschließend werden zu erwartende Implikationen auf das Verlagswesen skizziert und der strategische Charakter einer KI-Einführung unterstrichen.

D. Klotz (✉)
Hochschule der Medien Stuttgart, Stuttgart, Deutschland
E-Mail: david.klotz@hdm-stuttgart.de

© Der/die Autor(en), exklusiv lizenziert an Springer Fachmedien
Wiesbaden GmbH, ein Teil von Springer Nature 2024
O. Schlüter (Hrsg.), *KI als Zukunftsmotor für Verlage*,
https://doi.org/10.1007/978-3-658-43037-5_1

1 Einleitung

Die jüngsten Veröffentlichungen von KI-Modellen wie ChatGPT [53], DALL·E [62] und Stable Diffusion [63] haben in der Öffentlichkeit erhebliche Aufmerksamkeit erlangt. Im Gegensatz zu vorherigen KI-Modellen, die sich überwiegend an Unternehmen richteten und auf bestimmte Einsatzgebiete, wie zum Beispiel Marketing, Fertigung oder den medizinischen Bereich spezialisiert waren, wenden sich die genannten Modelle direkt an Endanwender und Konsumenten. Ein wichtiger Nebeneffekt dieser KI-Modelle ist daher, eine breite Öffentlichkeit für die Veränderungen, welche der Einsatz von Künstlicher Intelligenz (KI) in der Arbeitswelt hervorrufen wird [25], zu sensibilisieren.

Vor diesen Veränderungen steht ohne Frage auch das Verlagswesen. Kern der hier stattfindenden Wertschöpfung sind der Erwerb von Verlagsrechten an Werken (einschließlich einer etwaigen Vorfinanzierung der Erstellung), die Kuratierung von Inhalten und die Vermarktung und der Vertrieb von Werken. Diese Kernaufgaben können nun zumindest in Teilen von KI-Modellen unterstützt und durchgeführt werden. Wie viele andere Wirtschaftsunternehmen sehen sich daher auch Verlage damit konfrontiert, die Nutzung von ChatGPT und weiteren KI-Modellen zu prüfen und – wo es ökonomisch sinnvoll erscheint – deren Einsatz zu veranlassen.

Dieser Artikel trägt daher zusammen, welche KI-basierten Fähigkeiten für die Erstellung und Bearbeitung von literarischen Werken und Sachtexten gegenwärtig zur Verfügung stehen. Im Anschluss werden deren Einsatzmöglichkeiten im Verlagswesen und die sich hieraus ergebenden Chancen aus wirtschaftlicher Sicht diskutiert. Zuletzt fasst der Artikel die erwarteten Auswirkungen der beschriebenen Einsatzmöglichkeiten zusammen.

2 Relevante KI-Fähigkeiten

In diesem Abschnitt werden einige durch KI zur Verfügung gestellte Fähigkeiten beschrieben, die für das Verlagswesen von Interesse sind. Der Begriff KI beinhaltet eine Reihe von verschiedenen technischen Verfahren, die intelligentes Verhalten maschinell replizieren. Gegenwärtig dominieren vor allem auf *deep learning* beruhende Modelle den KI-Bereich, da diese in der Praxis meist bessere Ergebnisse erzielen als vorherige Ansätze. Jedoch sind sie mitunter sehr rechenintensiv. Die nachfolgenden Darstellungen von KI-Fähigkeiten gehen daher besonders auf diese Art von KI-Modellen ein. Zudem liegt der Fokus auf Modellen zur Verarbeitung der beiden Medien Text und Bild, welche für das Verlagswesen von zentraler Bedeutung sind.

2.1 Erzeugung von Texten und Bildern

Der kürzlich veröffentlichte Dienst ChatGPT hat verdeutlicht, welches Potenzial KI-Technik im Bereich der Texterzeugung hat. ChatGPT ist eine Anwendung, bei der Nutzer in natürlicher Sprache Anfragen an die KI formulieren können und diese in Dialogform beantwortet werden. Im Unterschied zu vorherigen dialogbasierten Diensten wie Alexa oder Siri wurde ChatGPT mit Hilfe von Deep Learning trainiert, verfügt über ein kontextuelles Gedächtnis und kann sich daher an den vorherigen Verlauf eines Gesprächs erinnern.

Hinter dem Dienst ChatGPT steht im Wesentlichen ein großes Sprachmodell (engl. *large language model*, LLM), das mit Hilfe des kleineren Modells InstructGPT [55] trainiert wurde, Benutzerintentionen in einem Eingabetext zu erkennen und einen passenden Ausgabetext zu erstellen [55]. Bei der Veröffentlichung von ChatGPT wurde für die dahinter liegende Sprachverarbeitung noch das Modell GPT-3.5 verwendet, inzwischen ist dessen Nachfolger GPT-4 im Einsatz (siehe Tab. 1). GPT steht für *generative pre-trained transformer*, ein Ansatz zur Verarbeitung natürlicher

Tab. 1 Sprachmodelle der GPT-Serie von OpenAI

Name des Modells	Datum der Veröffentlichung	Anzahl Parameter
GPT-1	Juni 2018 [59]	117 Mio.
GPT-2	Februar 2019 [60]	1,5 Mrd.
GPT-3	Mai 2020 [12]	175 Mrd.
GPT-3.5	November 2022	unbekannt
GPT-4	Februar 2023 [53]	1 Trillion

Sprache (*natural language processing*, NLP). Diese Sprachmodelle verwenden die sogenannte Transformer-Architektur [71], welche sich aufgrund ihrer Fähigkeit zur parallelen Verarbeitung und guten Skalierbarkeit zunehmend als Standard für Sprachverarbeitung etabliert hat. Die Modelle der GPT-Serie wurden von dem Unternehmen OpenAI entwickelt, ähnliche große Sprachmodelle auf der Basis der Transformer-Architektur werden inzwischen jedoch auch von anderen Anbietern wie zum Beispiel Google [16, 67] oder Meta [66, 69] angeboten.

Wie der Name bereits offenbart, gehören die Modelle der GPT-Serie zur Familie der sogenannten *generativen KI-Modelle*, deren Zweck darin besteht, Inhalte – in diesem Fall Text – zu erzeugen. Der Benutzer kann hierbei über einen Eingabetext entsprechende Vorgaben (engl. *prompts*) bezüglich des zu erzeugenden Texts formulieren. Die GPT-Sprachmodelle ergänzen den eingegebenen Text autoregressiv, das heißt, es wird Wort für Wort eine geeignete Fortsetzung gesucht, die zum bereits geschriebenen Text passt. Welche Fortsetzungen für welchen Text plausibel sind, haben die GPT-Sprachmodelle durch ein umfangreiches Training erlernt, bei dem Millionen von Textdokumenten aus dem Internet, wie zum Beispiel die Seiten der Wikipedia, analysiert wurden. Durch diesen Trainingsprozess konnten Muster, Zusammenhänge und Strukturen innerhalb der menschlichen Sprache erlernt werden, welche die Erzeugung eigener, kohärenter Texte ermöglicht. Aufgrund der enormen Größe des derzeit jüngsten Sprachmodells der GPT-Serie, GPT-4, mit ca. einer Trillion Parametern können in vielen Anwendungsbereichen überzeugende Ergebnisse erzielt werden. So hat ChatGPT (mit GPT-4 als Sprachmodell) beispielsweise mehrere Prüfungen des Jura-Studiums der US-amerikanischen Universität Minnesota [15] sowie die Prüfung zur Zulassung als Anwalt [39] und Mediziner [51] in den USA bestanden. Mit deutschen Prüfungen tat sich das Sprachmodell jedoch deutlich schwerer: An den Abschlussprüfungen in vier Fächern des bayrischen Abiturs scheiterte ChatGPT in einem Versuch des Bayrischen Rundfunks [30].

Trotz dieser Einschränkung wird deutlich, dass große Sprachmodelle wie GPT-4 ein enormes Potenzial für die Erzeugung von Texten wie Nachrichtenmeldungen, Gedichten, Artikeln oder

Kurzgeschichten haben [42], was sich in der zunehmend aufkommenden Debatte rund um eine ethisch vertretbare Nutzung der Technik zum Beispiel im Bildungsbereich [38, 58], der Medizin [33, 76] oder dem Journalismus [56] manifestiert. Wie Pavlik [56] in seiner Studie feststellt, sind die von ChatGPT erzeugten Texte grammatikalisch und orthografisch weitestgehend korrekt und damit – zumindest als Rohentwurf, der noch von menschlichen Journalisten veredelt wird – brauchbar.

Neben Modellen zur Erzeugung von Texten umfasst die Familie der generativen KI-Modelle jedoch noch einige weitere Modelle, die als Ergebnisse andere Medien liefern können. Hervorzuheben ist vor allem die KI-gestützte Erzeugung von Musik (zum Beispiel [2, 10, 22]) und Bildern (zum Beispiel [62, 63]). Tab. 2 zeigt aktuelle Kategorien und Beispielmodelle aus dem

Tab. 2 Taxonomie generativer KI-Modelle, basierend auf Gozalo-Brizuela und Garrido-Merchan [32]

Kategorie	Beschreibung	Beispielmodelle
Text-to-image	Erzeugung von Bildern auf der Basis einer textuellen Beschreibung	DALL·E, Imagen, Stable Diffusion, Muse
Text-to-3D	Erzeugung von 3D-Modellen auf der Basis einer textuellen Beschreibung	Dreamfusion, Magic3D
Image-to-text	Erzeugung von Beschreibungstexten für Bilder	Flamingo, VisualGPT
Text-to-video	Erzeugung von Videosequenzen auf der Basis einer textuellen Beschreibung	Phenaki, Soundify
Text-to-audio	Erzeugung von Audiosequenzen auf der Basis einer textuellen Beschreibung	AudioLM, Whisper, Jukebox
Text-to-text	Erzeugung von Texten auf der Basis eines Eingabetextes	GPT-4, LaMDA, PEER, Speech From Brain
Text-to-code	Erzeugung von Codefragmenten und Algorithmen auf der Basis einer textuellen Beschreibung	Copilot, Alphacode
Text-to-science	Erzeugung von wissenschaftlichen Textfragmenten auf Basis eines Eingabetextes	Galactica, Minerva

Bereich der generativen KI auf der Basis von [32]. Dass ein Großteil der genannten Modelle in den letzten drei Jahren veröffentlicht wurde, verdeutlicht die enorme Innovationskraft auf diesem Anwendungsgebiet von KI, welche auch durch die signifikanten Verbesserungen zwischen verschiedenen Versionen eines generativen KI-Modells, wie zum Beispiel zwischen GPT-3 und GPT-4, untermauert werden [40, 52]. Die Erwartungen an zukünftige Modelle sind daher enorm hoch – bei dem für Ende des Jahres 2023 angekündigten Nachfolgemodell GPT-5 reichen diese bis hin zum langjährigen Wunschtraum der KI-Forscher, der generellen Künstlichen Intelligenz (engl. *artificial general intelligence*, AGI) [13, 78], was jedoch auch auf kritische Rezeptionen stößt [20].

Insgesamt lässt sich festhalten, dass generative KI-Modelle bereits in einigen Anwendungsgebieten brauchbare Ergebnisse oder zumindest Teilergebnisse erzielen können, insbesondere bei der Erzeugung von Texten und Bildern. Da beides die Grundzutaten vieler Verlagsprodukte sind, stellen diese KI-Modelle für Verlage grundsätzlich interessante Potenziale dar, welche mit der Hoffnung auf eine umfangreichere, qualitativ bessere und mit geringeren Herstellungskosten durchführbare Erzeugung von Werken verbunden ist. Wie Pavlik [56] anmerkt, sind diese Modelle derzeit noch kein Ersatz für menschliche Autoren, sondern eher ein Werkzeug zur Steigerung von deren Effizienz.

2.2 Bearbeiten von Texten und Bildern

Die im vorangegangenen Abschnitt betrachtete Erzeugung von Inhalten wie Texten oder Bildern stellt eine wichtige Grundfähigkeit von KI-Modellen dar. Autoren und Verlage können darüber hinaus jedoch auch von KI-Fähigkeiten profitieren, die auf bestehenden Texten aufbauen und diese transformieren können. In diesem Bereich, welcher in der Taxonomie von Gozalo-Brizuela und Garrido-Merchan [32] als Text-to-text bezeichnet wird, gibt es eine Reihe von Anwendungsmöglichkeiten, die mit großen Sprachmodellen (LLMs) wie GPT-4 möglich sind.

Tab. 3 Beispielhafte Textüberarbeitung von ChatGPT (mit GPT-4)

Eingabe (Prompt)	Ausgabe (ChatGPT mit GPT-4)
Deine Rolle: Editor Umfang der Editierung: Umfassende Überarbeitung Ziel der Editierung: Erhöhung der Klarheit und der Konsistenz des Textes Stil verändern zu: formal, akademisch Tonalität verändern zu: sachlich, analytisch, informativ Expertise der Leser verändern zu: fortgeschritten, mit viel Vorwissen auf dem Gebiet, Länge verändern zu: 300 Wörtern	Titel: Die Anwendung von Künstlicher Intelligenz zur Überarbeitung von Texten in Verlagen und bei Autoren In jüngster Zeit hat sich die Entwicklung und Implementierung von Künstlicher Intelligenz (KI) in verschiedenen Sektoren weitreichend beschleunigt. In diesem Zusammenhang ist es von besonderem Interesse, die Möglichkeiten von KI-Technologien in der Textbearbeitung zu analysieren und deren Potenzial für Verlage und Autoren zu untersuchen.
Mein Text: Haha, ich bin echt krass beeindruckt, wie saustark die KI meine lausigen Texte überarbeiten kann! Es sollte unbedingt mal gecheckt werden, wie Verlage und Autoren das nutzen können und was die davon haben.	Erstens ist es unbestreitbar, dass KI-gestützte Textbearbeitungssysteme, wie beispielsweise der\mbox{GPT-4}-basierte ChatGPT, eine effiziente und umfassende Überarbeitung von Texten ermöglichen. […]

- **Editieren.** LLMs können aufgefordert werden, einen gegebenen Text mit einer bestimmten Vorgabe zu editieren. Die Vorgabe kann zum Beispiel lauten, den Stil entsprechend der gewünschten Zielgruppe anzupassen. Tab. 3 zeigt ein Beispiel für eine umfangreiche Überarbeitung eines gegebenen Textes mit entsprechenden Rahmenvorgaben. Die Möglichkeiten, stilistische Merkmale anzupassen, sind dabei recht vielfältig. So kann ein Text zum Beispiel so umgeschrieben werden, dass er den Stil eines bekannten Autors wie Michel Houellebecq oder Ernest Hemingway nachahmt [50]. Auf diese Weise kann auch die Komplexität eines Textes verändert werden, zum

Beispiel indem komplizierte Sachverhalte in einfache Sprache übersetzt werden („Erkläre mir den Klimawandel, als wäre ich 8 Jahre alt!").
- **Korrigieren**. Neben der Anpassung von Stilelementen sind LLMs in der Lage, formale Fehler in der Grammatik oder Orthografie eines Textes zu erkennen und zu korrigieren. Die Fähigkeiten von gegenwärtigen Modellen wie GPT-4 scheinen dabei – zumindest bei Sprachen, die im für das Training verwendeten Korpus ausreichend vorhanden waren – als Hilfestellung bei der formalen Korrektur eines Textes, ähnlich wie bei heutigen Rechtschreib- und Grammatikprüfungen in Textverarbeitungsprogrammen, brauchbar. Tlili, Shehata, Adarkwah u. a. [68] und Ufuk [70] gehen zwar vereinzelt auf die Fähigkeit von ChatGPT ein, Rechtschreibfehler zu korrigieren, aber eine wissenschaftliche Untersuchung mit neuesten LLMs und ein Vergleich mit menschlichen Korrektoren steht noch aus.
- **Paraphrasieren**. Während GPT-4 durchaus fehleranfällig bei der Abfrage von externen Informationen ist – ein Verhalten, das oft mit dem Begriff des *Halluzinierens* beschrieben wird [6, 8, 34] –, kann es Informationen, die es per Prompt erhalten hat, im Allgemeinen gut verarbeiten. Dementsprechend ist es dazu geeignet, gegebene Texte zusammenzufassen. Bang, Cahyawijaya, Lee u. a. [8] kommen in ihrer Studie zu dem Ergebnis, dass ChatGPT in der Zusammenfassung von Texten zwar durchaus brauchbar ist, es aber für diesen speziellen Anwendungsfall noch geeignetere Sprachmodelle wie BART [43] gibt.
- **Übersetzen**. LLMs wie GPT-4 sind in der Lage, Texte von einer Sprache in eine andere zu überführen. Mehrere Studien haben die Fähigkeit von GPT-Modellen (und insbesondere ChatGPT), einen Text automatisch zu übersetzen, untersucht [8, 29, 35, 36] und gelangen zu dem Ergebnis, dass die erzeugten Texte brauchbar sind und das Niveau der Übersetzungen teilweise mit der Qualität menschlicher Übersetzungen korrespondiert. Im Detail hängt die Leistungsfähigkeit der Modelle auch bei dieser Aufgabe stark davon ab, wie viele Texte der jeweiligen Sprachen im Trainingskorpus vorhanden waren [36].

Neben den genannten Möglichkeiten zur Bearbeitung von Text gibt es vergleichbare Modelle für das Editieren von Bildern [9, 11, 65]. Auch können verschiedene Aspekte eines Bildes wie dessen Stil [19, 37] oder einzelne Objekte eines Bildes [18, 46] editiert werden, indem die gewünschten Änderungen über die Texteingabe spezifiziert werden. Im Vergleich zur teilweise zeitaufwendigen manuellen Überarbeitung von Bildern stellen die verfügbaren KI-Modelle daher eine schnellere und kostengünstigere Alternative dar. Die Qualität ihrer Ergebnisse ist heute weitestgehend noch nicht mit den Überarbeitungen durch professionelle Illustratoren und Grafikdesigner vergleichbar, aber ähnlich wie bei Text-to-text-Modellen ist auch in diesem Bereich eine klare Tendenz zur Verbesserung erkennbar. Ähnliches gilt zeitversetzt für die Manipulation von Videofragmenten.

2.3 Analyse von Texten und Bildern

KI-Technik ist nicht nur in der Lage, neue Inhalte zu erstellen und zu bearbeiten – sie kann auch dazu genutzt werden, bestehende Inhalte zu analysieren. Eine typische Anwendung im NLP-Bereich ist zum Beispiel die Sentimentanalyse. Sie ermittelt, ob ein Textabschnitt eine eher positive oder negative Stimmung enthält und welche Bestandteile eines Textes für diese Polarität verantwortlich sind. Für diese Aufgabe, die im NLP-Bereich bereits seit einigen Jahren erforscht wird, existieren etablierte Modelle wie [23, 27, 61, 80], welche auf einzelne, spezielle Szenarien der Sentimentanalyse trainiert wurden. Doch auch generische Sprachmodelle wie BERT sind in der Lage, mit geringem Aufwand an zusätzlichem Training robuste Ergebnisse zu erzielen [21].

Wang, Xie, Ding u. a. [75] untersuchen die Frage, ob ein LLM wie ChatGPT, das nicht speziell für die Sentimentanalyse trainiert wurde, diese Aufgabe dennoch durchführen kann. Sie kommen zu dem Ergebnis, dass ChatGPT (mit GPT-3.5) die Aufgabe ähnlich gut wie etablierte Modelle löst. Eine erneute Untersuchung mit der aktuellen Version von ChatGPT auf der Basis von GPT-4 steht noch aus.

Neben der Ermittlung der Polarität eines Textes können mit Hilfe von KI-Technik weitere Informationen aus einem Text extrahiert werden. Dabei kommen heute überwiegend auf Deep Learning basierende Modelle zum Einsatz. Liang, Sun, Sun u. a. [45] bieten einen guten Überblick über die Extraktion von *text features*, das heißt bestimmten Eigenschaften eines Textes. Es gibt viele einzelne Anwendungsfälle wie zum Beispiel die Klassifikation von Texten [4, 47], die Erkennung von thematischen Inhalten [3, 72] oder die Erkennung von im Text verwendeten Eigennamen [44, 77].

Ähnlich groß wie im NLP-Bereich ist die Vielfalt an Anwendungsfällen in der KI-gestützten Bildanalyse. Auch hier haben sich überwiegend Deep-Learning-Modelle durchgesetzt; eine gute und kompakte Übersicht über das Themengebiet liefert [73]. Typische Aufgaben im Bereich der Bildanalyse sind zum Beispiel die Objekterkennung [81, 83] und Gesichtserkennung [41, 74].

2.4 Empfehlungssysteme

Zuletzt soll die KI-gestützte Fähigkeit zur Erzeugung von Empfehlungen, aus technischer Sicht sogenannte *recommendation engines*, besprochen werden. Hierbei handelt es sich um Systeme, welche auf der Basis des bisherigen Nutzerverhaltens berechnen, welche (bisher noch nicht angesehenen oder gekauften Inhalte) für einen Benutzer wahrscheinlich relevant sein können. Ein typisches Anwendungsgebiet von Empfehlungssystemen sind Online-Händler und Social-Media-Plattformen, die mit Hilfe dieser Systeme entscheiden, welche Artikel beworben werden [26] oder welche Beiträge anderer Benutzer in welcher Reihenfolge in der Timeline eines bestimmten Benutzers erscheinen, wie zum Beispiel bei TikTok [48].

Die Berechnung möglichst akkurater Empfehlungen ist ein Problem, bei dem häufig Verfahren des maschinellen Lernens zum Einsatz kommen. Im Kern basieren Empfehlungen auf zwei Filterprozessen: einerseits den Interessen und Präferenzen der Benutzer (engl. *collaborative filtering*) und anderseits den verfügbaren Inhalten (engl. *content-based filtering*) [31]. Letzteres kann mit Hilfe der im vorherigen Unterabschnitt dargestellten Methoden umgesetzt werden, indem der Katalog vorhandener Werke analysiert wird, um die Eigenschaften der Texte zu ermitteln. Liegen Daten zu den Eigenschaften aller Werke vor, können diese Daten verknüpft werden mit dem Kaufverhalten der Leserschaft. So können persönliche Interessen und Vorlieben der Leser erkannt werden. Das Marketing kann diese Informationen verwenden, um zum Beispiel im Online-Shop individuelle Empfehlungen anzuzeigen oder die Darstellung der Produkte und zugehörige Werbetexte auf den Benutzer anzupassen.

Auch in diesem Bereich kommt zunehmend Deep Learning zum Einsatz [79], da die Erkennung von Zusammenhängen zwischen Produkteigenschaften und Käuferverhalten noch flexibler ist. Voraussetzung für solche Empfehlungssysteme ist jedoch immer eine ausreichend große Datenbasis mit Informationen zu den im Katalog enthaltenen Werken und dem individuellen Käuferverhalten.

3 Anwendungsmöglichkeiten im Verlagswesen

Die im vorherigen Abschnitt dargestellten KI-Fähigkeiten werden nun übertragen auf mögliche konkrete Anwendungsfelder des Verlagswesens. Im Zentrum der Betrachtung stehen die beiden wertschöpfenden Tätigkeiten der Erstellung und Akquise von Werken (bzw. deren Verlagsrechte) sowie die Vermarktung und der Vertrieb dieser Werke.

Verlagen stehen dank jüngster KI-Modelle wie ChatGPT neue Möglichkeiten offen. Die Verfügbarkeit von Modellen, die 24 h am Tag zu niedrigen Kosten Texte schreiben und hochwertige Grafiken produzieren können, versetzt Verlagsmitarbeiter in die Lage, einzelne Teilschritte des Erstellungsprozesses zu automatisieren und unter Umständen neue Werke selbst zu erschaffen. Gleichzeitig können KI-Modelle genutzt werden, um die Vermarktung und den Vertrieb von Werken zu verbessern. Beide Teilbereiche werden nachfolgend betrachtet.

3.1 Erstellung und Aufbereitung von Werken

Die in den beiden Unterabschn. 2.2 und 2.3 dargestellten KI-Fähigkeiten können bei einzelnen Teilschritten der Erstellung und Aufbereitung von Werken eingesetzt werden. Tab. 4 zeigt Teilschritte, die sich allgemein für einen Einsatz von KI-Modellen anbieten, um die beteiligten Mitarbeiter zu unterstützen.

Der Grad, zu dem KI-Modelle bei den einzelnen Tätigkeiten unterstützen können, ist sehr vom zu erstellenden Werk und dem eingesetzten KI-Modell abhängig. Aufgrund seiner Vielfältigkeit ist ChatGPT für die meisten Aufgaben rund um die Bearbeitung von Text grundsätzlich geeignet. Seine derzeitige Schwäche, nicht auf externe Informationen zugreifen zu können und stattdessen zu halluzinieren [6, 8], muss jedoch bei der Erstellung von Texten berücksichtigt werden. Aus diesem Grund erscheint ChatGPT eher geeignet für das unterstützende Schreiben von Belletristik,

Tab. 4 Unterstützung durch KI im Erstellungsprozess von Werken

Teilschritt	Form der KI-Unterstützung	Beispielmodell
Ideenentwicklung	Dialogbasierte LLMs können genutzt werden, um Ideen für neue Werke zu entwickeln.	ChatGPT
Strukturierung	Dialogbasierte LLMs können unterstützen bei der Strukturierung und Gliederung von Texten.	ChatGPT
Schreiben	Dialogbasierte LLMs können einzelne Textfragmente erstellen.	ChatGPT
Editieren	Dialogbasierte LLMs können Texte überarbeiten und z. B. den Stil anpassen.	ChatGPT
Korrigieren	LLMs können die Grammatik und Orthografie von Texten prüfen und korrigieren.	ChatGPT
Illustrieren	Text-to-image-Modelle können Bilder nach Vorgabe erzeugen.	Midjourney
Satzerstellung	Text-to-code-Modelle können bei der Erstellung des Schriftsatzes (z. B. in LaTeX) unterstützen.	ChatGPT

da in diesem Segment das von inhaltlich falschen Texten ausgehende Risiko – im Vergleich zu Sachtexten wie zum Beispiel bei wissenschaftlichen Artikeln – eher gering erscheint [5, 64, 82].

Aus betriebswirtschaftlicher Sicht bedeutet der Einsatz von KI-Technik bei diesen Tätigkeiten eine potenzielle Teil- oder sogar Vollautomatisierung. Letzteres wird mit gegenwärtigen KI-Modellen und ihren Einschränkungen nur selten der Fall sein, da deren Ausgaben in der Regel immer noch eine menschliche Prüfung oder Weiterverarbeitung erfordern. Die zuletzt hohe Innovationsgeschwindigkeit im KI-Bereich allgemein und bei generativen KI-Modellen im Besonderen nähren jedoch die Hoffnung, dass der Grad der Automatisierung in Zukunft weiter steigt. Mit einem wachsenden Automatisierungsgrad gehen positive Effekte auf Produktionskapazitäten, Kosten und Qualität einher, was letztlich Umsatz- und Gewinnsteigerungen erwarten lässt.

3.2 Vermarktung von Werken

Neben der Neuerstellung von Werken eignen sich KI-Modelle zur Unterstützung bei der Lokalisierung bestehender Werke. Das Übersetzen von Texten mit ChatGPT führt weitestgehend zu brauchbaren Ergebnissen, insbesondere bei weit verbreiteten Sprachen [8, 29, 35, 36], was eine deutliche Erleichterung für menschliche Übersetzer darstellt. Im Rahmen der Lokalisierung kann KI zudem genutzt werden, um die in einem Werk enthaltenen Bilder anzupassen. Dylag, Suarez, Wald u. a. [24] erproben in einer Studie die automatische Anpassung von Illustrationen in Kinderbüchern auf einen bestimmten Kulturraum. Die Studie untersucht verschiedene Ansätze, die Bilder möglichst stilgetreu zu übertragen, während dabei ethnische Merkmale der abgebildeten Charaktere verändert werden.

Unabhängig von einer ethischen Debatte über den Einsatz eines solchen „Kulturanpassers" (siehe dazu [57]) kommen die Autoren der Studie zumindest zu dem Ergebnis, dass die technische Umsetzung des Vorhabens erfolgreich war. Die in der Studie dargestellten Bilder lassen jedoch noch nicht den Schluss zu, dass die Technik bereits praxistauglich ist. Dennoch verdeutlicht diese Untersuchung, auf welche Weise KI-Technik verwendet werden kann, um bereits bestehende Werke (teil-)automatisch anzupassen und damit für neue Zielgruppen und Märkte zugänglich zu machen bzw. die Verkaufschancen auf diesen Märkten zu vergrößern. Das Beispiel wirft zudem – neben ethischen Bedenken – rechtliche Fragestellungen auf und verdeutlicht die Notwendigkeit, die Rahmenbedingungen einer KI-gestützten Weiterverarbeitung von Werken mit deren Urhebern vertraglich festzulegen, um Rechtssicherheit zu erlangen.

Neben der dargestellten Verbreiterung der Absatzmöglichkeiten bietet KI-Technik die Chance, Marketingmaßnahmen zielgerichteter zu gestalten und damit erfolgreicher zu machen. Die in Unterabschn. 2.4 vorgestellten Empfehlungssysteme können – je nach Datenbasis – mit relativ hoher Präzision gute Empfehlungen erstellen. Auf diese Weise können Verlage den Absatz im Direktvertrieb erhöhen. Insbesondere für Publikumsverlage mit Nischenprodukten stellen Empfehlungssysteme eine gute Möglichkeit dar, den Verkaufserfolg zu steigern, da sie ihnen zusätzliche Sichtbarkeit bei potenziell interessierten Kunden verleihen [1, 14, 54]. Voraussetzung dafür ist neben der Verfügbarkeit individueller Käuferprofile eine vorherige Analyse der im Bestand befindlichen Werke (vgl. Unterabschn. 2.4), damit Präferenzen erkannt werden können.

Darüber hinaus können Empfehlungssysteme die Programmplanung von Verlagen unterstützen. Aufgrund der vergangenen Verkäufe kann zum Beispiel der Erfolg zukünftiger Titel durch eine Simulation prognostiziert werden, noch bevor diese Werke erstellt werden. So lassen sich gezielt Kundenbedarfe antizipieren und Lücken im Programm erkennen und schließen. In anderen Bereichen der Medienindustrie wie dem Fernsehen [49] und der Musikindustrie [28] sind solche Analysen bereits etabliert. Zudem kann ein Machine-Learning-Modell trainiert werden, die Qualität eines Manuskripts automatisiert zu ermitteln (vergleichbar mit den Ansätzen von [7]), was als zusätzliche Qualitätssicherung vor der Veröffentlichung genutzt werden kann.

4 Fazit

Gegenwärtige KI-Modelle und insbesondere ChatGPT können wie gezeigt bei vielen Teilaufgaben im Verlagswesen unterstützen, sowohl bei der Erstellung und Aufbereitung als auch dem Vertrieb von Werken. Die Nutzung von KI-Technik bietet Verlagen eine Reihe von Chancen, ihre Kernaufgaben effizienter zu gestalten. Zugleich sind Friktionen mit anderen Partnern in der Wertschöpfungskette wahrscheinlich kaum vermeidbar, da moderne KI-Modelle den beteiligten Akteuren neue Fähigkeiten zu relativ geringen Kosten zur Verfügung stellen. Aus Sicht der Verlage ergeben sich insbesondere bezüglich der strategischen Positionierung gegenüber Autoren einerseits und dem Handel andererseits neue Chancen.

Mit Blick auf die Erstellung und Aufbereitung von Titeln – ein Schritt in der Wertschöpfungskette, der gegenwärtig noch gemeinschaftlich von Autoren und Verlagen abgewickelt wird [17] – ergibt sich die Frage, in welche Richtung sich diese Arbeitsteilung zukünftig verschieben wird. Die Verfügbarkeit von großen Sprachmodellen wie ChatGPT gestattet es Verlagen ohne Frage, stärker an der Erstellung von neuen Titeln mitzuwirken, bis hin zur Umsetzung von gesamten Werken in Eigenregie. Andererseits können jedoch auch Autoren diese KI-Modelle einsetzen, um bisher typische Verlagsaufgaben wie zum Beispiel das Korrektorat selbst durchzuführen. In Verbindung mit der Möglichkeit, ein Werk eigenständig mit KI-generierten Illustrationen und Bildern zu versehen, könnte die Anzahl der Autoren, die sich entscheiden, ihr Werk im Selbstverlag zu veröffentlichen, ansteigen.

Auf der Vertriebsseite vermag die Nutzung von KI-Technik das Verhältnis von Verlagen und Händlern zu verändern. Verlage können wahrscheinlich ihren Vertriebserfolg steigern, wenn sie eine bessere Transparenz über Kundenvorlieben auf Basis bisheriger Kaufentscheidungen erhalten. Dies kann entweder im Direktvertrieb geschehen oder durch eine Partnerschaft mit Buchhändlern. In beiden Fällen wirkt jedoch der Datenschutz als Hemmnis; insbesondere im deutschen Sprachraum mit seiner geringen Bereitschaft der Kunden, personenbezogene Daten zu teilen. Ähnlich wie bei den Autoren steht den Chancen durch den verstärkten Einsatz von KI-Technik das Risiko gegenüber, dass Händler sich die neu verfügbaren KI-Fähigkeiten zunutze machen, um ihrerseits größere Teile der Wertschöpfung an sich zu ziehen und sich vermehrt direkt an Autoren für die Erstellung von Werken zu wenden.

Wie in diesem Artikel gezeigt wurde, bietet KI-Technik einige interessante Einsatzmöglichkeiten im Verlagswesen. Da es sich bei diesen Anwendungen in den meisten Fällen um eine Variante der Automatisierung handelt, ist das betriebswirtschaftliche Potenzial in Form einer Kostenreduktion und einer Umsatzsteigerung im Allgemeinen erkennbar. Aufgrund der Vielfältigkeit der Verlage und ihrer Geschäftsmodelle wird es jedoch keine Musterlösung für alle geben. Ob eine konkrete Anwendung von KI-Modellen wie ChatGPT tatsächlich Vorteile schafft, sollte jedes Verlagshaus vielmehr für sich selbst abwägen. Hierfür erscheint es unabdingbar, dass Verlage sich ein eigenes Verständnis der KI-Potenziale verschaffen, indem sie die Technik anwenden und die sich daraus ergebenden Rückschlüsse auf ihre Geschäftsmodelle ziehen.

Literatur

1. G. Adomavicius und A. Tuzhilin, „Toward the next generation of recommender systems: A survey of the state-of-the-art and possible extensions," *IEEE transactions on knowledge and data engineering*, Jg. 17, Nr. 6, S. 734–749, 2005.
2. A. Agostinelli, T. I. Denk, Z. Borsos u. a., *MusicLM: Generating Music From Text*, 26. Jan. 2023. https://doi.org/10.48550/arXiv.2301.11325. arXiv:2301.11325[cs,eess]. Adresse: http://arxiv.org/abs/2301.11325 (besucht am 12.04.2023).
3. R. Albalawi, T. H. Yeap und M. Benyoucef, „Using topic modeling methods for short-text data: A comparative analysis," *Frontiers in Artificial Intelligence*, Jg. 3, S. 42, 2020.
4. N. Alex, E. Lifland, L. Tunstall u. a., *RAFT: A Real-World Few-Shot Text Classification Benchmark*, 2022. arXiv:2109.14076 [cs.CL].
5. H. Alkaissi und S. I. McFarlane, „Artificial hallucinations in ChatGPT: implications in scientific writing," *Cureus*, Jg. 15, Nr. 2, 2023.

6. H. Alkaissi und S. I. McFarlane, „Artificial hallucinations in ChatGPT: implications in scientific writing," *Cureus*, Jg. 15, Nr. 2, 2023, Publisher: Cureus.
7. J. Archer und M. L. Jockers, *The bestseller code: Anatomy of the block-buster novel*. St. Martin's Press, 2016.
8. Y. Bang, S. Cahyawijaya, N. Lee u. a., *A Multitask, Multilingual, Multimodal Evaluation of ChatGPT on Reasoning, Hallucination, and Interactivity*, 28. Feb. 2023. https://doi.org/10.48550/arXiv.2302.04023. arXiv:2302.04023[cs]. Adresse: http://arxiv.org/abs/2302.04023 (besucht am 12.04.2023).
9. O. Bar-Tal, D. Ofri-Amar, R. Fridman, Y. Kasten und T. Dekel, „Text-2live: Text-driven layered image and video editing," in *Computer Vision – ECCV 2022*, S. Avidan, G. Brostow, M. Cissé, G. M. Farinella und T. Hassner, Hrsg., Ser. Lecture Notes in Computer Science, Cham: Springer Nature Switzerland, 2022, S. 707–723, isbn: 978-3-031-19784-0. https://doi.org/10.1007/978-3-031-19784-0_41.
10. Z. Borsos, R. Marinier, D. Vincent u. a., *AudioLM: a Language Modeling Approach to Audio Generation*, 7. Sep. 2022. https://doi.org/10.48550/arXiv.2209.03143. arXiv:2209.03143[cs,eess]. Adresse: http://arxiv.org/abs/2209.03143 (besucht am 12.04.2023).
11. T. Brooks, A. Holynski und A. A. Efros, *InstructPix2Pix: Learning to Follow Image Editing Instructions*, 18. Jan. 2023. https://doi.org/10.48550/arXiv.2211.09800. arXiv:2211.09800[cs]. Adresse: http://arxiv.org/abs/2211.09800 (besucht am 12.04.2023).
12. T. Brown, B. Mann, N. Ryder u. a., „Language models are few-shot learners," *Advances in neural information processing systems*, Jg. 33, S. 1877–1901, 2020.
13. S. Bubeck, V. Chandrasekaran, R. Eldan u. a., *Sparks of Artificial General Intelligence: Early experiments with GPT-4*, 27. März 2023. https://doi.org/10.48550/arXiv.2303.12712. arXiv:2303.12712[cs]. Adresse: http://arxiv.org/abs/2303.12712 (besucht am 12.04.2023).
14. Ò. Celma und Ò. Celma, „The long tail in recommender systems," *Music Recommendation and Discovery: The Long Tail, Long Fail, and Long Play in the Digital Music Space*, S. 87–107, 2010.
15. J. H. Choi, K. E. Hickman, A. Monahan und D. Schwarcz, *ChatGPT goes to law school*, Rochester, NY, 23. Jan. 2023. https://doi.org/10.2139/ssrn.4335905. Adresse: https://papers.ssrn.com/abstract=4335905 (besucht am 12.04.2023).
16. A. Chowdhery, S. Narang, J. Devlin u. a., *Palm: Scaling language modeling with pathways*, 5. Okt. 2022. https://doi.org/10.48550/arXiv.2204.02311. Adresse: https://arxiv.org/abs/2204.02311.
17. M. Clement, E. Blömeke und F. Sambeth, *Ökonomie der Buchindustrie: Herausforderungen in der Buchbranche erfolgreich managen*. Springer, 2009.
18. G. Couairon, J. Verbeek, H. Schwenk und M. Cord, *DiffEdit: Diffusion-based semantic image editing with mask guidance*, 2022. arXiv:2210.11427 [cs.CV].

19. Y. Deng, F. Tang, W. Dong u. a., „StyTr2: Image Style Transfer With Transformers," in *Proceedings of the IEEE/CVF Conference on Computer Vision and Pattern Recognition (CVPR)*, Juni 2022, S. 11326–11336.
20. V. Dentella, E. Murphy, G. Marcus und E. Leivada, *Testing AI performance on less frequent aspects of language reveals insensitivity to underlying meaning*, 27. Feb. 2023. https://doi.org/10.48550/arXiv.2302.12313. arXiv:2302.12313[cs]. Adresse: http://arxiv.org/abs/2302.12313 (besucht am 12.04.2023).
21. J. Devlin, M.-W. Chang, K. Lee und K. Toutanova, „BERT: Pre-training of Deep Bidirectional Transformers for Language Understanding," in *Proceedings of the 2019 Conference of the North American Chapter of the Association for Computational Linguistics: Human Language Technologies, Volume 1 (Long and Short Papers)*, Minneapolis, Minnesota: Association for Computational Linguistics, Juni 2019, S. 4171–4186. https://doi.org/10.18653/v1/N19-1423. Adresse: https://aclanthology.org/N19-1423.
22. C. Donahue, A. Caillon, A. Roberts u. a., *SingSong: Generating musical accompaniments from singing*, 29. Jan. 2023. https://doi.org/10.48550/arXiv.2301.12662. arXiv:2301.12662[cs,eess]. Adresse: http://arxiv.org/abs/2301.12662 (besucht am 12.04.2023).
23. L. Dong, F. Wei, C. Tan, D. Tang, M. Zhou und K. Xu, „Adaptive Recursive Neural Network for Target-dependent Twitter Sentiment Classification," in *Proceedings of the 52nd Annual Meeting of the Association for Computational Linguistics (Volume 2: Short Papers)*, Baltimore, Maryland: Association for Computational Linguistics, Juni 2014, S. 49–54. https://doi.org/10.3115/v1/P14-2009. Adresse: https://aclanthology.org/P14-2009.
24. J. J. Dylag, V. Suarez, J. Wald und A. A. Uvara, *Automatic Geoalignment of Artwork in Children's Story Books*, 2023. arXiv:2304.01204 [cs.AI].
25. T. Eloundou, S. Manning, P. Mishkin und D. Rock, *GPTs are GPTs: An Early Look at the Labor Market Impact Potential of Large Language Models*, 23. März 2023. https://doi.org/10.48550/arXiv.2303.10130. arXiv:2303.10130[cs, econ, q-fin]. Adresse: http://arxiv.org/abs/2303.10130 (besucht am 12.04.2023).
26. Z. Fayyaz, M. Ebrahimian, D. Nawara, A. Ibrahim und R. Kashef, „Recommendation systems: Algorithms, challenges, metrics, and business opportunities," *applied sciences*, Jg. 10, Nr. 21, S. 7748, 2020.
27. H. Fei, F. Li, C. Li, S. Wu, J. Li und D. Ji, „Inheriting the Wisdom of Predecessors: A Multiplex Cascade Framework for Unified Aspect-based Sentiment Analysis," in *Proceedings of the Thirty-First International Joint Conference on Artificial Intelligence, IJCAI-22*, L. D. Raedt, Hrsg., Main Track, International Joint Conferences on Artificial Intelligence Organization, Juli 2022, S. 4121–4128. https://doi.org/10.24963/ijcai.2022/572. Adresse: https://doi.org/10.24963/ijcai.2022/572.

28. S. Freeman, M. Gibbs und B. Nansen, „'Don't mess with my algorithm': Exploring the relationship between listeners and automated curation and recommendation on music streaming services," *First Monday*, 2022.
29. Y. Gao, R. Wang und F. Hou, *Unleashing the Power of ChatGPT for Translation: An Empirical Study*, 4. Apr. 2023. https://doi.org/10.48550/arXiv.2304.02182. arXiv:2304.02182 [cs]. Adresse: http://arxiv.org/abs/2304.02182 (besucht am 12.04.2023).
30. P. Gawlik und C. Schiffer. „ChatGPT – Schafft die KI das bayerische Abitur?" BR24. (12. Feb. 2023), Adresse: https://www.br.de/nachrichten/netzwelt/chatgpt-schafft-die-ki-das-bayerische-abitur,TVBjrXE (besucht am 12.04.2023).
31. G. Geetha, M. Safa, C. Fancy und D. Saranya, „A hybrid approach using collaborative filtering and content based filtering for recommender system," in *Journal of Physics: Conference Series*, IOP Publishing, Bd. 1000, 2018, S. 12–101.
32. R. Gozalo-Brizuela und E. C. Garrido-Merchan, *ChatGPT is not all you need. A State of the Art Review of large Generative AI models*, 11. Jan. 2023. https://doi.org/10.48550/arXiv.2301.04655. arXiv:2301.04655 [cs]. Adresse: http://arxiv.org/abs/2301.04655 (besucht am 12.04.2023).
33. A. Grünebaum, J. Chervenak, S. L. Pollet, A. Katz und F. A. Chervenak, „The exciting potential for ChatGPT in obstetrics and gynecology," *American Journal of Obstetrics and Gynecology*, 15. März 2023, issn: 0002-9378. https://doi.org/10.1016/j.ajog.2023.03.009. Adresse: https://www.sciencedirect.com/science/article/pii/S0002937823001540 (besucht am 12.04.2023).
34. N. M. Guerreiro, D. Alves, J. Waldendorf u. a., *Hallucinations in Large Multilingual Translation Models*, 28. März 2023. https://doi.org/10.48550/arXiv.2303.16104. arXiv:2303.16104[cs]. Adresse: http://arxiv.org/abs/2303.16104 (besucht am 12.04.2023).
35. A. Hendy, M. Abdelrehim, A. Sharaf u. a., „How Good Are GPT Models at Machine Translation? A Comprehensive Evaluation," 2023, Publisher: arXiv Version Number: 1. https://doi.org/10.48550/ARXIV.2302.09210. Adresse: https://arxiv.org/abs/2302.09210 (besucht am 12.04.2023).
36. W. Jiao, W. Wang, J.-t. Huang, X. Wang und Z. Tu, *Is ChatGPT A Good Translator? Yes With GPT-4 As The Engine*, 19. März 2023. https://doi.org/10.48550/arXiv.2301.08745. arXiv:2301.08745[cs]. Adresse: http://arxiv.org/abs/2301.08745 (besucht am 12.04.2023).
37. Y. Jing, Y. Yang, Z. Feng, J. Ye, Y. Yu und M. Song, „Neural Style Transfer: A Review," *IEEE Transactions on Visualization and Computer Graphics*, Jg. 26, Nr. 11, S. 3365–3385, 2020. https://doi.org/10.1109/TVCG.2019.2921336.
38. E. Kasneci, K. Sessler, S. Küchemann u. a., „ChatGPT for good? on opportunities and challenges of large language models for education," *Learning and Individual Differences*, Jg. 103, S. 102–274, 1. Apr. 2023, issn: 1041-6080. https://doi.org/10.1016/j.lindif.2023.102274. Adresse: https://www.sciencedirect.com/science/article/pii/S1041608023000195 (besucht am 12.04.2023).

39. D. M. Katz, M. J. Bommarito, S. Gao und P. Arredondo, *GPT-4 passes the bar exam*, Rochester, NY, 15. März 2023. https://doi.org/10.2139/ssrn.4389233. Adresse: https://papers.ssrn.com/abstract=4389233 (besucht am 12.04.2023).
40. A. Koubaa, *GPT-4 vs. GPT-3.5: A concise showdown*, 7. Apr. 2023. https://doi.org/10.36227/techrxiv.22312330.v2. Adresse: https://www.techrxiv.org/articles/preprint/GPT-4_vs_GPT-3_5_A_Concise_Showdown/22312330/2 (besucht am 12.04.2023).
41. A. Kumar, A. Kaur und M. Kumar, „Face detection techniques: a review," *Artificial Intelligence Review*, Jg. 52, S. 927–948, 2019.
42. C. Leiter, R. Zhang, Y. Chen u. a., *ChatGPT: A Meta-Analysis after 2.5 Months*, 20. Feb. 2023. https://doi.org/10.48550/arXiv.2302.13795. arXiv:2302.13795[cs]. Adresse: http://arxiv.org/abs/2302.13795 (besucht am 12.04.2023).
43. M. Lewis, Y. Liu, N. Goyal u. a., *BART: Denoising Sequence-to-Sequence Pre-training for Natural Language Generation, Translation, and Comprehension*, 29. Okt. 2019. https://doi.org/10.48550/arXiv.1910.13461. arXiv:1910.13461[cs, stat]. Adresse: http://arxiv.org/abs/1910.13461 (besucht am 12.04.2023).
44. J. Li, A. Sun, J. Han und C. Li, „A Survey on Deep Learning for Named Entity Recognition," *IEEE Transactions on Knowledge and Data Engineering*, Jg. 34, Nr. 1, S. 50–70, 2022. https://doi.org/10.1109/TKDE.2020.2981314.
45. H. Liang, X. Sun, Y. Sun und Y. Gao, „Text feature extraction based on deep learning: a review," *EURASIP journal on wireless communications and networking*, Jg. 2017, Nr. 1, S. 1–12, 2017.
46. H. Ling, K. Kreis, D. Li, S. W. Kim, A. Torralba und S. Fidler, „EditGAN: High-Precision Semantic Image Editing," in *Advances in Neural Information Processing Systems*, M. Ranzato, A. Beygelzimer, Y. Dauphin, P. Liang und J. W. Vaughan, Hrsg., Bd. 34, Curran Associates, Inc., 2021, S. 16331–16345. Adresse: https://proceedings.neurips.cc/paper_files/paper/2021/file/880610aa9f9de9ea7c545169c716f477-Paper.pdf.
47. P. Liu, X. Qiu, X. Chen, S. Wu und X.-J. Huang, „Multi-timescale long short-term memory neural network for modelling sentences and documents," in *Proceedings of the 2015 conference on empirical methods in natural language processing*, 2015, S. 2326–2335.
48. Z. Liu, L. Zou, X. Zou u. a., *Monolith: Real Time Recommendation System With Collisionless Embedding Table*, 2022. arXiv:2209.07663 [cs.IR].
49. A. Lobe. „Der Netflix-Algorithmus macht Kunst berechenbar." (11. Jan. 2019), Adresse: https://www.sueddeutsche.de/medien/netflix-algorithmus-daten-house-of-cards-1.4280852 (besucht am 13.04.2023).
50. A. Lobe, „Die Künstliche Intelligenz ChatGPT schreibt wie Hemingway," *Neue Zürcher Zeitung*, 27. Dez. 2022, issn: 0376-6829. Adresse: https://www.nzz.ch/feuilleton/houellebecq-und-hemingway-aus-der-retorte-ld.1718283 (besucht am 12.04.2023).

51. H. Nori, N. King, S. M. McKinney, D. Carignan und E. Horvitz, *Capabilities of GPT-4 on Medical Challenge Problems*, 20. März 2023. https://doi.org/10.48550/arXiv.2303.13375. arXiv:2303.13375[cs]. Adresse: http://arxiv.org/abs/2303.13375 (besucht am 12.04.2023).
52. OpenAI, *GPT-4 Technical Report*, 27. März 2023. https://doi.org/10.48550/arXiv.2303.08774. arXiv:2303.08774[cs]. Adresse: http://arxiv.org/abs/2303.08774 (besucht am 12.04.2023).
53. openAI. „Introducing ChatGPT." (2022), Adresse: https://openai.com/blog/chatgpt (besucht am 12.04.2023).
54. A. Oulasvirta, J. P. Hukkinen und B. Schwartz, „When more is less: the paradox of choice in search engine use," in *Proceedings of the 32nd international ACM SIGIR conference on Research and development in information retrieval*, 2009, S. 516–523.
55. L. Ouyang, J. Wu, X. Jiang u. a., *Training language models to follow instructions with human feedback*, 4. März 2022. https://doi.org/10.48550/arXiv.2203.02155. arXiv:2203.02155[cs]. Adresse: http://arxiv.org/abs/2203.02155 (besucht am 12.04.2023).
56. J. V. Pavlik, „Collaborating with ChatGPT: Considering the implications of generative artificial intelligence for journalism and media education," *Journalism & Mass Communication Educator*, Jg. 78, Nr. 1, S. 84–93, 1. März 2023, Publisher: SAGE Publications Inc, issn: 1077-6958. https://doi.org/10.1177/10776958221149577. Adresse: https://doi.org/10.1177/10776958221149577 (besucht am 12.04.2023).
57. E. Poole. „Twitter Slams AI Scientists Who "Fixed" Ariel In The Little Mermaid." (16. Sep. 2022), Adresse: https://ustoday.news/twitter-slams-ai-scientists-who-fixed-ariel-in-the-little-mermaid/ (besucht am 13.04.2023).
58. J. Qadir, *Engineering education in the era of ChatGPT: Promise and pitfalls of generative AI for education*, 30. Dez. 2022. https://doi.org/10.36227/techrxiv.21789434.v1. Adresse: https://www.techrxiv.org/articles/preprint/Engineering_Education_in_the_Era_of_ChatGPT_Promise_and_Pitfalls_of_Generative_AI_for_Education/21789434/1 (besucht am 12.04.2023).
59. A. Radford, K. Narasimhan, T. Salimans und I. Sutskever, „Improving language understanding by generative pre-training," *OpenAI blog*, 2018, Publisher: OpenAI.
60. A. Radford, J. Wu, R. Child, D. Luan, D. Amodei und I. Sutskever, „Language models are unsupervised multitask learners," *OpenAI blog*, Jg. 1, Nr. 8, S. 9, 2019.
61. C. Raffel, N. Shazeer, A. Roberts u. a., „Exploring the Limits of Transfer Learning with a Unified Text-to-Text Transformer," *Journal of Machine Learning Research*, Jg. 21, Nr. 140, S. 1–67, 2020. Adresse: http://jmlr.org/papers/v21/20-074.html.
62. A. Ramesh, M. Pavlov, G. Goh und S. Gray. „DALL·e: Creating images from text." (2021), Adresse: https://openai.com/research/dall-e (besucht am 12.04.2023).

63. R. Rombach, A. Blattmann, D. Lorenz, P. Esser und B. Ommer, *High-resolution image synthesis with latent diffusion models*, 2021. arXiv:2112.10752[cs.CV].
64. M. Salvagno, F. S. Taccone, A. G. Gerli u. a., „Can artificial intelligence help for scientific writing?" *Critical care*, Jg. 27, Nr. 1, S. 1–5, 2023.
65. N. Starodubcev, D. Baranchuk, V. Khrulkov und A. Babenko, *Towards Real-time Text-driven Image Manipulation with Unconditional Diffusion Models*, 9. Apr. 2023. https://doi.org/10.48550/arXiv.2304.04344. arXiv:2304.04344[cs]. Adresse: http://arxiv.org/abs/2304.04344 (besucht am 12.04.2023).
66. R. Taylor, M. Kardas, G. Cucurull u. a., *Galactica: A Large Language Model for Science*, 16. Nov. 2022. https://doi.org/10.48550/arXiv.2211.09085. arXiv:2211.09085 [cs,stat]. Adresse: http://arxiv.org/abs/2211.09085 (besucht am 12.04.2023).
67. R. Thoppilan, D. De Freitas, J. Hall u. a., *LaMDA: Language Models for Dialog Applications*, 10. Feb. 2022. https://doi.org/10.48550/arXiv.2201.08239. arXiv:2201.08239[cs]. Adresse: http://arxiv.org/abs/2201.08239 (besucht am 12.04.2023).
68. A. Tlili, B. Shehata, M. A. Adarkwah u. a., „What if the devil is my guardian angel: ChatGPT as a case study of using chatbots in education," *Smart Learning Environments*, Jg. 10, Nr. 1, S. 15, 22. Feb. 2023, issn: 2196-7091. https://doi.org/10.1186/s40561-023-00237-x. Adresse: https://doi.org/10.1186/s40561-023-00237-x (besucht am 12.04.2023).
69. H. Touvron, T. Lavril, G. Izacard u. a., *LLaMA: Open and Efficient Foundation Language Models*, 27. Feb. 2023. https://doi.org/10.48550/arXiv.2302.13971. arXiv:2302.13971[cs]. Adresse: http://arxiv.org/abs/2302.13971 (besucht am 12.04.2023).
70. F. Ufuk, „The Role and Limitations of Large Language Models Such as ChatGPT in Clinical Settings and Medical Journalism," *Radiology*, S. 230–276, 7. März 2023, Publisher: Radiological Society of North America, issn: 0033-8419. https://doi.org/10.1148/radiol.230276. Adresse: https://pubs.rsna.org/doi/abs/10.1148/radiol.230276 (besucht am 12.04.2023).
71. A. Vaswani, N. Shazeer, N. Parmar u. a., „Attention is All you Need," in *Advances in Neural Information Processing Systems*, Foo2022, Bd. 30, Curran Associates, Inc., 2017. Adresse: https://proceedings.neurips.cc/paper_files/paper/2017/hash/3f5ee243547dee91fbd053c1c4a845aa-Abstract.html (besucht am 11.04.2023).
72. I. Vayansky und S. A. Kumar, „A review of topic modeling methods," *Information Systems*, Jg. 94, S. 101 582, 2020.
73. A. Voulodimos, N. Doulamis, A. Doulamis, E. Protopapadakis u. a., „Deep learning for computer vision: A brief review," *Computational intelligence and neuroscience*, Jg. 2018, 2018.
74. M. Wang und W. Deng, „Deep face recognition: A survey," *Neurocomputing*, Jg. 429, S. 215–244, 2021.

75. Z. Wang, Q. Xie, Z. Ding, Y. Feng und R. Xia, *Is ChatGPT a Good Sentiment Analyzer? A Preliminary Study*, 2023. arXiv:2304.04339 [cs.CL].
76. V. W. Xue, P. Lei und W. C. Cho, „The potential impact of ChatGPT in clinical and translational medicine," *Clinical and Translational Medicine*, Jg. 13, Nr. 3, e1216, 1. März 2023, issn: 2001-1326. https://doi.org/10.1002/ctm2.1216. Adresse: https://www.ncbi.nlm.nih.gov/pmc/articles/PMC9976604/ (besucht am 12.04.2023).
77. V. Yadav und S. Bethard, *A Survey on Recent Advances in Named Entity Recognition from Deep Learning models*, 2019. arXiv:1910.11470 [cs.CL].
78. C. Zhang, C. Zhang, S. Zheng u. a., *A Complete Survey on Generative AI (AIGC): Is ChatGPT from GPT-4 to GPT-5 All You Need?* 2023. arXiv:2303.11717 [cs.AI].
79. S. Zhang, L. Yao, A. Sun und Y. Tay, „Deep learning based recommender system: A survey and new perspectives," *ACM computing surveys (CSUR)*, Jg. 52, Nr. 1, S. 1–38, 2019.
80. Y. Zhang, M. Zhang, S. Wu und J. Zhao, „Towards Unifying the Label Space for Aspect-and Sentence-based Sentiment Analysis," in *Findings of the Association for Computational Linguistics: ACL 2022*, Dublin, Ireland: Association for Computational Linguistics, Mai 2022, S. 20–30. https://doi.org/10.18653/v1/2022.findings-acl.3. Adresse: https://aclanthology.org/2022.findings-acl.3.
81. Z.-Q. Zhao, P. Zheng, S.-t. Xu und X. Wu, „Object detection with deep learning: A review," *IEEE transactions on neural networks and learning systems*, Jg. 30, Nr. 11, S. 3212–3232, 2019.
82. H. Zheng und H. Zhan, „ChatGPT in scientific writing: a cautionary tale," *The American Journal of Medicine*, 2023.
83. Z. Zou, K. Chen, Z. Shi, Y. Guo und J. Ye, „Object detection in 20 years: A survey," *Proceedings of the IEEE*, 2023.

Begrüßung

Ellen Koban und Reinhilde Rösch

*Vorträge der Veranstaltung „KI als Zukunftsmotor für Verlage"
am 17. November 2022 in der Stadtbibliothek Stuttgart,
ausgerichtet von der Hochschule der Medien, Stuttgart,
der Medien- und Filmgesellschaft Baden-Württemberg
und dem Börsenverein des Deutschen Buchhandels – Landesverband Baden-Württemberg*

E. Koban (✉)
MFG, Stuttgart, Deutschland
E-Mail: Koban@mfg.de

R. Rösch
Börsenverein des deutschen Buchhandels, Frankfurt/M., Deutschland
E-Mail: roesch@buchhandelsverband.de

Ellen Koban[1]

Ich darf Sie als Leiterin der Kultur- und Kreativwirtschaft der MFG Baden-Württemberg und als Kooperationspartnerin begrüßen. Ich habe die große Ehre, dass ich den Dank aussprechen darf. Das ist die schönste Rolle am heutigen Abend. Ich möchte mich ganz herzlich natürlich bei unseren Gästen bedanken, bei Ihnen, dass Sie heute alle gekommen sind. Es freut uns sehr, dass Sie so zahlreich erschienen sind und sich für dieses neue Feld, dieses Zukunftsfeld im Verlagswesen interessieren. Und der größte Dank unsererseits als Kooperationspartner geht an Reinhilde Rösch vom Börsenverein des Deutschen Buchhandels, Landesverband Baden-Württemberg, die diese Veranstaltung mitinitiiert hat, mit Prof. Dr. Okke Schlüter von der Hochschule der Medien.

Ich freue mich umso mehr, weil diese Veranstaltung das Resultat einer wunderbaren langjährigen Zusammenarbeit ist. Im Rahmen der Frankfurter Buchmesse sind wir seit nunmehr sechs Jahren Veranstalter und verantwortlich für den Landesstand und für die Ideentanke. Für Baden-Württemberg zeichnen wir jährlich bis zu fünf oder sechs – oft ganz junge – Teams und innovative Produkte aus, die sich dann im Rahmen dieser Ideentanke auf der Frankfurter Buchmesse präsentieren dürfen.

All das realisieren wir zusammen mit dem Börsenverein und anderen Partnern im Land. Mit der Hochschule der Medien haben wir jetzt noch einen ganz neuen Player gewonnen und sind sehr gespannt, was sich daraus entwickeln wird. Herr Oswald und Frau Dr. Ast vom Wirtschaftsministerium, die diese Veranstaltung fördern, sind eingetroffen. Vielen Dank natürlich auch an Sie als Förderer für die langjährige Unterstützung, nicht nur für den Buchmarkt und die Verlagswirtschaft, sondern für die Kultur und Kreativwirtschaft insgesamt.

---

[1] **Dr. Ellen Koban** und **Dr. Angela Frank** haben jeweils als Leiterin der Unit Kultur- und Kreativwirtschaft bei der MFG Medien- und Filmgesellschaft Baden-Württemberg mbH die Veranstaltung „KI als Zukunftsmotor für Verlage" mitverantwortet.

Ich freue mich auf den Abend. Ich bin sehr gespannt auf Ihre Impulse und all das, was wir heute Neues sehen und erfahren dürfen. Vielen Dank!

Reinhilde Rösch[2]
Vielen Dank an Sie alle, dass Sie heute Abend hier sind. Wir als Börsenverein sind ja vor allem diejenigen, die die Inhalte an Sie, an die Verlage, an die Unternehmen in unserer Branche, an die Kreativen in unserer Branche vermitteln. Wir wollen Ihnen Möglichkeiten geben, Ihr Spektrum zu erweitern und Informationen abzugreifen. Und deswegen freue ich mich natürlich ganz besonders, dass wir so viele wirklich gute Partner in diesem Bereich haben. Das sind die MFG mit Ellen Koban oder die Hochschule der Medien hier in Stuttgart und vor allem das Wirtschaftsministerium, das sehr interessiert ist, auch Unternehmen, am heutigen Abend vor allem vertreten durch die Verlage, im Bereich Innovation, Neue Medien, Digitalisierung, neue Geschäftsmodelle zu unterstützen. Und deswegen haben wir das Thema KI sehr dankbar aufgegriffen. Vielen Dank für die Beiträge von allen Seiten. Ich hoffe, dass wir an den Abenden ein paar Einsichten vermitteln können mit den Best Practices, dass wir Ihnen neue Aspekte geben können, dass wir vielleicht ein paar Ängste wegnehmen können, die es vielleicht gibt, auch hinterher in den Gesprächen. Ich habe mir gedacht, als ich diesen Titel gelesen habe: „KI als Zukunftsmotor für Verlage" – das kann man mit Ausrufezeichen oder mit Fragezeichen dahinter lesen. Ich hoffe, dass wir heute ein paar Fragezeichen beseitigen und ganz viele Ausrufezeichen kreieren, und wünsche Ihnen allen viel Erfolg. Und für den Erfolg dieses Abends stehen vor allem unsere Referenten und unser Moderator, an den ich jetzt übergeben darf.

Den meisten muss ich dich nicht vorstellen. Du bist Professor an der Hochschule der Medien, Studiendekan des Studiengangs

---

[2] **Reinhilde Rösch**, Geschäftsführerin des Landesverbandes Baden-Württemberg des Börsenvereins des Deutschen Buchhandels bis 31.12.2022, hat die Veranstaltung „KI als Zukunftsmotor für Verlage" mit konzipiert und -verantwortet.

Mediapublishing. Viele kennen dich seit vielen Jahren als Innovationsmotor. Und ja, digitale Prozesse oder digitale Produkte waren schon immer ein Faible von dir. Also die Bühne ist yours. Herr Schlüter stellt Ihnen den weiteren Ablauf des heutigen Abends und die weiteren Referenten vor. Viel Erfolg und viel Spaß!

Künstliche Intelligenz: Hype oder Handlungsfeld – eine kurze Einführung

Okke Schlüter

Auch von mir noch einmal herzlich willkommen! Ich freue mich sehr, dass Sie alle hergefunden haben, in so einer trubeligen Zeit, in der viele andere Konferenzen und Budgetgespräche und was nicht alles stattfinden. Ich hatte das Glück, vorab einen Blick auf die Teilnehmerliste werfen zu können – wir sind eine tolle Mischung aus Verlagsvertretern. Ich freue mich, dass auch Studierende von der Hochschule der Medien da sind. Ich glaube, wir haben alle Kompetenzen versammelt, die es braucht, um gemeinsam die Chancen für KI in der Verlagsbranche auszuloten. Wir fühlen uns sehr wohl mit dem Thema, denn die HdM sieht sich genau in diesem Feld, und der Studiengang Mediapublishing, als genuiner Verlagsstudiengang, muss sich einem solchen Thema stellen und wir tun das sehr, sehr gerne. Ich würde jetzt kurz den Ablauf erklären.

Zuvor frage ich einfach mal in die Runde: Wer hat sich denn schon ein bisschen – über die Definition hinaus – mit KI befasst? Wer könnte sozusagen in zwei Sätzen – keine Angst, ich werde nicht fragen – erklären, was sich hinter KI verbirgt? Wer sähe sich dazu in der Lage? Oh, ein sehr bescheidenes Publikum. Das ist gut zu wissen. Wir haben diesen Vortrag dementsprechend aufgebaut.

O. Schlüter (✉)
Hochschule der Medien, Stuttgart, Deutschland
E-Mail: schlueter@hdm-stuttgart.de

Der Abend ist dreigliedrig aufgebaut. Ich werde, nachdem ich Ihnen kurz vorgestellt habe, wie der Abend verlaufen wird, mit einem Einführungsvortrag beginnen. Da bitte ich die um Geduld, die sich schon mit dem Aufbau von neuronalen Netzen beschäftigt haben. Aber ich möchte sicherstellen, dass alle eine Chance haben, später mitzudiskutieren. Nach meinem Einführungsvortrag werde ich an unsere drei Branchenredner übergeben für drei Impulsvorträge aus der Verlagsbranche und anschließend wollen wir in sogenannten Table Sessions über die Themen der Vorträge ins Gespräch kommen. Alle, die das zeitlich einrichten können, sind danach herzlich eingeladen, die Gelegenheit zum Networking zu nutzen – in einer Zeit, in der sehr, sehr viel über Zoom-Meetings stattfindet und man sich nicht mehr so häufig persönlich sieht.

Denn wir würden uns freuen, wenn dies heute keine einmalige Veranstaltung bleibt, sondern wir einen Prozess starten und darüber hinaus in einem losen Austausch bleiben. Das Thema KI wird uns sicherlich noch länger beschäftigen und ist nichts, was mit der Jahreswende geklärt sein wird. Deshalb möchten wir mit Ihnen in einen Diskurs eintreten. Dafür ist es hilfreich, sich näher kennenzulernen, und wir werden sicherlich ein Format finden, wie wir in Kontakt bleiben können.

Ich beginne mit meinem kleinen Einführungsvortrag, den ich übertitelt habe mit: „KI – Hype oder Handlungsfeld?" Der Titel ist – ich gebe es zu – ein kleines bisschen rhetorisch, weil ich der Frage nachgehen möchte: Ist Künstliche Intelligenz nur so etwas wie ein Metaversum, was die Fachpresse und die Tagespresse füllt, oder was steckt da eigentlich an Substanz für die Verlagsbranche drin? Ich möchte damit auch die drei Fachvorträge im Anschluss vorbereiten. Abb. 1 zeigt ein KI-generiertes Bild, das bereits einen Wettbewerb gewonnen hat: The First Place der Colorado State Fair Fine Arts Competition – also ein Kunstpreis in der Kategorie KI-erstellte Werke – hat ein KI-generiertes Bild mit dem Titel „Théâtre D'opéra Spatial" gewonnen. Das ist ein kurzer Einblick darin, was KI schon kann.

Ich möchte aber mit ein bisschen Kontext beginnen und da ist es mir sehr recht, dass wir hier mit dem Wirtschaftsministerium zusammensitzen, denn die ersten beiden Einordnungen von KI

Abb. 1 das KI-generierte Bild *Théâtre D'opéra Spatial*. (Quelle: https://www.heise.de/news/Tod-der-Kunst-Von-KI-generiertes-Bild-gewinnt-Kunstwettbewerb-in-den-USA-7250847.html)

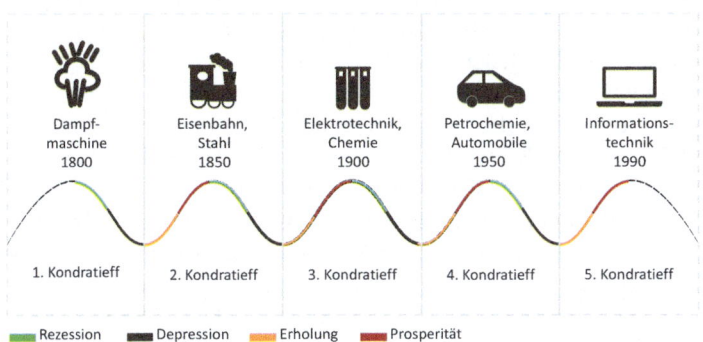

Abb. 2 Kondratjew-Zyklen. (Quelle: eigene Darstellung nach https://www.bpb.de/kurz-knapp/lexika/lexikon-der-wirtschaft/19806/kondratieff-zyklen/)

sind ökonomischer Natur. Als Erstes habe ich mir erlaubt, eine Abbildung (Abb. 2) zum Thema Makroökonomie mitzubringen. Was bedeutet KI für unsere Volkswirtschaft? Manche kennen vielleicht das Konzept der Kondratjew-Zyklen. Kondratjew ist ein Wirtschaftswissenschaftler, der mal gesagt hat, dass man über Jahrhunderte hinweg Wirtschaftszyklen daran erkennen kann, dass bestimmte Basisinnovationen Möglichkeiten schaffen und eine sich anschließende Periode in der Volkswirtschaft allein oder vornehmlich auf diese Basisinnovation zurückgeht. Ich habe in einer Grafik versucht zu rekapitulieren, wie die Dampfmaschine einen solchen Kondratjew-Zyklus losgetreten hat, später die Eisenbahn, irgendwann die Chemie, dann das Automobil, gerade für Baden-Württemberg vor gut 100 Jahren. Danach hat die Informationstechnik Anfang der 90er-Jahre einen neuen Impuls gegeben. Das, was wir unter Künstlicher Intelligenz verstehen, gehört ebenfalls in diesen Kontext, da sie eine technologische Grundlage ist. Wir kommen gleich noch drauf, was KI eigentlich ausmacht. Man muss kein Prophet sein, um zu sagen, dass die KI-Technologien so etwas wie einen Kondratjew-Zyklus begründen werden.

Man muss fairerweise sagen, dass dieses Konzept in der aktuellen Volkswirtschaftslehre eigentlich nicht mehr im Einsatz ist. Es wird eher in der Geschichte der Makroökonomie verwendet; also nichts, worüber sich VWL-Kollegen täglich den Kopf zerbrechen. Aber mir schien das Konzept ganz passend, um zu illustrieren, welche Bedeutung KI zukommt. Sie ist eben nicht nur irgendwie ein Gerät oder eine Anwendung, sondern wirklich eine Basisinnovation, die sehr, sehr viele Möglichkeiten schafft und dadurch ganze Branchen, aber besonders einzelne Unternehmen vor die Frage stellt: Was bedeutet das für mich?

Und damit bin ich quasi bei der Mikroökonomie oder bei dem unternehmerischen Kontext. Ich möchte dabei auf ein Konzept zurückgreifen, das auf Michael Porter zurückgeht, die sogenannten Five Forces, die fünf Kräfte (s. Abb. 3). Denen zufolge ist jedes Unternehmen fünf Kräften ausgesetzt. Ich beginne mal auf der linken Seite mit den Kunden, die natürlich auf das Unternehmen einwirken. Von rechts sehen Sie die Lieferanten, das wären bei Verlagen also die Urheber, die Autorinnen. Genauso aber wirken mögliche Substitute des eigenen Angebots wie auch neue Konkurrenz auf Unternehmen ein. Das sind Punkte, an denen Verlage heute schon KI zu spüren bekommen, selbst wenn sie selber keine anwenden. Es sind zum Beispiel KI-generierte Inhalte, die das Geschäftsfeld aufmischen. Dabei kann es sich um Text, Bild, Bewegtbild oder Weiteres handeln. Diese Inhalte sind grundsätzlich in der Lage, die Angebote von Verlagen zu substitu-

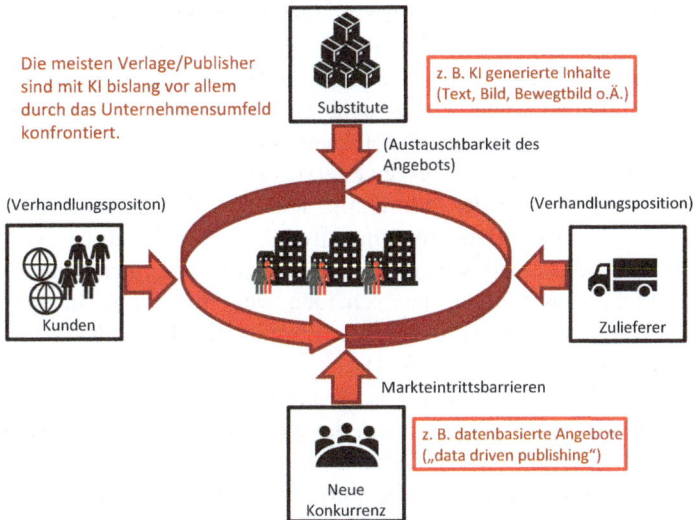

Abb. 3 Five Forces von M. Porter. (Quelle: eigene Darstellung, angelehnt an https://business-ghostwriter.de/fuenf-kraefte-modell/)

ieren. Sie wirken deshalb sozusagen als Kraft im Sinne von Michael Porter und werden hier relevant. Genauso gibt es neue Anbieter im Markt, die zum Beispiel datenbasierte Angebote platzieren. In diesem Bereich könnten das Kochbücher sein, irgendwelche individuell auf die Leser zugeschnittene Angebote, die durch die Auswertung großer Datenmengen zustande kommen. Das sind beides Phänomene, die die Situation einzelner Medienunternehmen und Verlage tangieren und Teil des Wettbewerbs sind, den Sie in der Mitte sehen. Dieser ist die fünfte Kraft. Den Wettbewerb gibt es natürlich weiterhin, aber die beiden Phänomene kommen auf jeden Fall jetzt schon zum Zuge.

Das heißt als kleines Fazit dieses Blickwinkels: Die meisten Verlage oder Publisher sind bislang überwiegend mit KI durch das Unternehmensumfeld konfrontiert, durch global agierende Tech-Unternehmen. Aber natürlich wenden einzelne Verlage selbst schon KI an. Und wir haben ja drei wunderbare Beispiele heute vertreten durch die Redner nach mir. KI selbst ist – wenn sie sich mit Informatikern unterhalten, dann werden diese die Augenbrauen hochziehen – eigentlich eine Metapher. Ich bin selbst kein Informatiker, um das noch mal klarzustellen. Ich sehe mich eher als jemand, der sich mit Use Cases befasst. Also, wo kann KI wertschöpfend eingesetzt werden? Die Informatiker würden sie als lernende Algorithmen bezeichnen. Sie würden sagen, da werden eben Daten so weit ausgewertet, bis sie zu Einsichten führen, also als Teilgebiet der Informatik. Die Tatsache, dass man die Intelligenz als Perspektive hinzufügt, ist ein Ausdruck von Optimismus, denn das Wort darf man in der jetzigen Zeit nicht zu wörtlich nehmen. Wir unterscheiden weiterhin schwache und starke KI und werden gleich sehen, was diese bzgl. ihrer Möglichkeiten unterscheidet (s. Abb. 4).

Ich beginne mal mit der schwachen. Darunter versteht man sehr fokussierte Anwendungen, die ganz bestimmte Daten nach trainierten Regeln analysieren, Aussagen herausfiltern und Vorhersagen treffen. Innerhalb dieses Bereichs unterscheidet man das

Abb. 4 schwache vs. starke KI. (Quelle: eigene Darstellung, unter Verwendung eines Fotos von Pixabay: https://pixabay.com/de/illustrations/ai-generiert-roboter-android-8015423/)

„einfache" Machine Learning, bei dem Daten mit Algorithmen trainiert werden, um schließlich Aussagen oder Vorhersagen zu treffen. Das wird unterschieden von Deep Learning, was ein Teilbereich von Machine Learning ist, der aber mit neuronalen Netzen arbeitet. Darauf komme ich gleich noch mal zurück. Ganz plakativ: Schwache KI ist zum Beispiel ein Amazon Echo Dot, den vielleicht manche im Wohnzimmer stehen haben. Wir kennen das alle, da wird Sprache verarbeitet. Auch darauf komme ich gleich noch zurück. Und eine starke KI kennen besonders die Fans von Science-Fiction-Filmen aus Hollywood, denen sie als Commander Data in Star Trek schon begegnet sind, oder in den Terminator-Filmen. Das wäre, wenn es das gäbe, eine starke KI, die menschenähnlich unvorbereitet Situationen analysieren und interpretieren kann und selbstständig Entscheidungen treffen kann. Vergleichbares ist bei der schwachen KI nicht der Fall, denn sie zeichnet sich dadurch aus, dass sie nur ganz spezifische, fokussierte Probleme lösen kann. Sie handelt nach definierten Vorgaben, sie durchsucht mit trainierten Algorithmen große Datenmengen. Das Fachgebiet der Informatik, das sich damit beschäftigt, wird daher Data Science genannt. Die schwache KI kann aber nicht in einem menschenähnlichen Sinne lernen, so wie unser Gehirn sich weiterentwickelt, sondern sie handelt immer nur nach einem vordefinierten Regelwerk. Deswegen ist sie ein lernender Algorithmus (s. Tab. 1).

Tab. 1 Eigenschaften schwacher und starker KI

Schwache KI	Starke KI
• nur in der Lage, konkrete Anwendungsprobleme zu lösen • handelt nach definierten Vorgaben • Abgleichen/Durchsuchen großer Datenmengen („Data Science") • kein selbstständiges Lernen im Sinne des menschlichen Lernens • spielt eigenständiges Denken nur vor, wirkt nur intelligent, handelt aber immer nach einem Regelwerk • jede derzeit existierende KI ist schwach	• besitzt wirkliche Intelligenz und ein Ich-Bewusstsein • kann logisch denken, planen, lernen, Sprache verstehen und Entscheidungen treffen • muss nicht explizit auf ein Problem trainiert werden • auf Augenhöhe mit menschlicher Intelligenz • gibt es (noch?) nicht, nur in Science Fiction zu finden, z. B. Terminator, Commander Data

Das sind die die Phänomene der KI, die uns heutzutage im Alltag begegnen. Die starke KI – und für sie benutze ich besser den Konjunktiv –, die besäße eine wirkliche Intelligenz und ein Bewusstsein ihrer Fähigkeiten, sie könnte logisch denken, planen usw., aber dieses Stadium ist noch nicht erreicht. Eine starke KI müsste nicht explizit auf ein konkretes Problem trainiert werden, sondern wäre, wie Sie das aus den Science-Fiction-Filmen kennen, universell handlungsfähig. Und sie wäre wirklich auf Augenhöhe mit einem Menschen. Eingangs haben Frau Koban und Frau Rösch bereits auf mögliche Ängste in Bezug auf die Potenziale von KI hingewiesen. Vielleicht kann es als eine erste Beruhigung dienen, dass dieser Schritt, dass sozusagen ein Commander Data durch die Tür kommt und Ihnen erzählt, was sie zu tun haben, dass das noch sehr weit weg ist und wir uns jetzt erst mal mit den Potenzialen der schwachen KI befassen. Ob es das andere je geben wird, ist sowieso noch offen.

Weil es viele visuelle Lernertypen gibt, sehen Sie das Ganze hier noch als kleine Grafik (Abb. 5): Innerhalb der schwachen KI befinden sich die Felder des Machine Learning. Ein Teilgebiet von Machine Learning, wie ich erklärt habe, ist Deep Learning

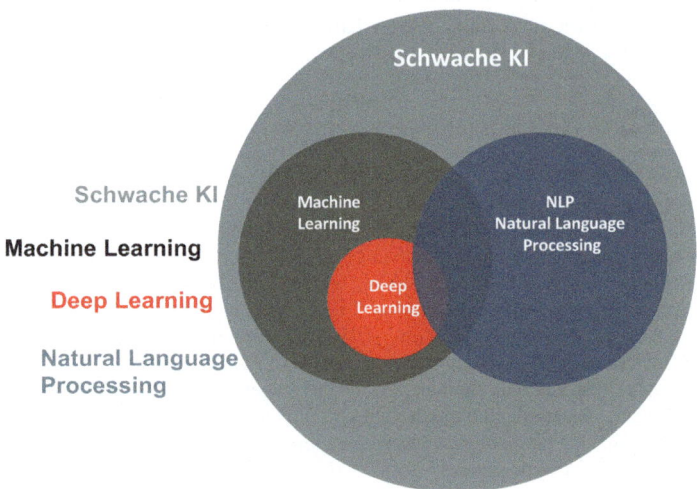

Abb. 5 Anwendungsformen der schwachen KI. (Quelle: eigene Darstellung)

und auch Natural Language Processing, also die Verarbeitung menschlicher Sprache, spielt eine Rolle bei diesen beiden. Auf den roten Kreis und den blauen möchte ich noch kurz eingehen, auch in Abstimmung mit den drei Fachvortragenden. Ich habe versucht, einige Begriffe zu erklären, die gleich in den Vorträgen auftauchen werden, damit Sie ihnen besser folgen können.

Ich hatte schon anklingen lassen, dass Machine Learning einen menschlichen Lernprozess in einem sehr definierten Rahmen simuliert. Mit vielen Wiederholungen werden Algorithmen mit Trainingsdaten trainiert. Das heißt, die Qualität von Machine Learning ist ganz entscheidend davon abhängig, welchen Wert die Trainingsdaten haben. Denn man könnte sagen, die Algorithmen sind nur so gut wie die Daten, mit denen sie trainiert werden, und so gut können dann auch nur die Aussagen oder die Vorhersagen sein, die die Algorithmen treffen.

Folgende Beispiele kennen Sie aus dem Alltag: Spamfilter, Analyse von Röntgenbildern, Wettervorhersage – das sind die Anwendungsgebiete, die man sich sehr gut vorstellen kann; auch Gesichtserkennung, die allerdings gesellschaftlich sehr umstritten ist. Kurz: Machine Learning bedeutet, dass trainierte Algorithmen große Datenmengen auswerten können.

Gehen wir einen Schritt weiter zum Deep Learning. Der erste Teil des Ausdrucks suggeriert schon, dass es dabei mehr ins Detail geht, das Leistungsvermögen ist höher. Das hat mit neuronalen Netzen zu tun. Sie haben alle mal in der Schule gelernt, dass unser Gehirn mit Neuronen arbeitet. Genauer bilden die Verbindungen zwischen den Neuronen ein Netz, über das Impulse weitergegeben werden. Diese neuronalen Netze werden von der Deep-Learning-KI nachempfunden. Man kann sagen, dass sie ein Stück weit nachgebaut werden, künstliche neuronale Netze entstehen.

Am einfachsten kann man sich das vorstellen, wenn Sie links sozusagen eine Inputinformation haben. Ein beliebter Suchbegriff, nach dem gegoogelt wird, ist Katzenfoto, deshalb bleibe ich mal bei diesem Beispiel. Das neuronale Netz der Suchmaschine muss also alle ihm vorliegenden Fotos analysieren und herausfinden, ob auf einem Bild eine Katze zu sehen ist. Das wäre sozusagen der Impuls, der eingegeben wird: finde alle Fotos, auf denen eine Katze zu sehen ist. Bezogen auf ein einzelnes Bild: Ist das eine Katze?

Die neuronalen Netze haben ihren Namen davon, dass sie, ähnlich wie die Neuronen im Gehirn, mehrere Signale einfangen, diese bewerten und gewichten (Abb. 6). Auf dieser Basis werden Informationen auf die nächsten Layers, wie es genannt wird, weitergegeben und durch eine Serie hintereinander geschalteter Layers wird die Information immer weiter verfeinert und qualifiziert. Das heißt, im ersten Schritt kann man vielleicht sagen: „Hat die Silhouette einer Katze", dann wird diese Information weitergereicht. Und irgendwann entscheidet die KI: „Sind denn auch Augen, Extremitäten erkennbar? Hat es ein Fell?" Und so wird sozusagen immer weiter qualifiziert und irgendwann kommt – ganz rechts in dieser Darstellung – ein Ergebnis heraus und das wäre dann die Erkennung, also die Klassifizierung des Fotos: Hier handelt es sich wirklich um eine Katze. Und das geht natürlich auch mit allen anderen Dingen. Gesichtserkennung funktioniert ähnlich, ist, wie gesagt, gesellschaftspolitisch aber sehr heiß diskutiert.

Neuronale Netze unterscheiden sich dadurch von Machine Learning, dass sie selbstständig in der Lage sind zu lernen, und vor allem, dass sie auch unstrukturierte Daten verarbeiten können. Machine Learning funktioniert nur mit sehr strukturierten Daten, wie Sie das vielleicht aus Datenbanken kennen. Und unstrukturierte Daten können nur mit Deep Learning und neuronalen Netzen

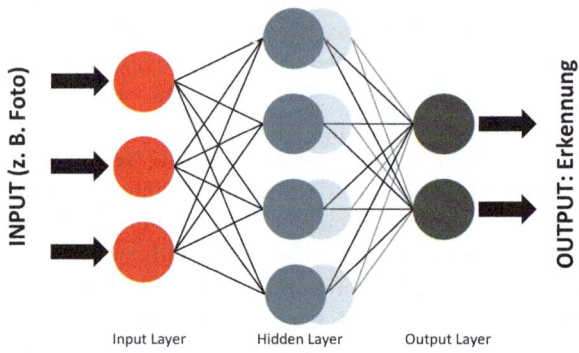

Abb. 6 Hidden Layers. (Quelle: eigene Darstellung)

bearbeitet und interpretiert werden. Dabei werden sehr hohe Rechnerkapazitäten benötigt und große Datenmengen. Hierfür ist Gesichtserkennung ein gutes Beispiel oder Text-to-image. Also wenn wir – dazu zeige ich Ihnen gleich noch Beispiele – mit Schlüsselwörtern eine Grafik generieren lassen, kommt ebenfalls Deep Learning zur Anwendung. Deep Learning ist somit ein bisschen raffinierter mit selbstlernenden Mechanismen.

Ich komme dann noch zu dem dritten Bereich, den ich angekündigt hatte. Das war der blaue Kreis in meiner Grafik (Abb. 5): NLP, Natural Language Processing, ist schon seit Jahren ein viel erforschtes Gebiet und ermöglicht die Verarbeitung natürlicher Sprache, die bei der Interaktion mit Systemen einen hohen Komfort bietet. Wir müssen nämlich nicht mehr alles eintippen in Form von Text, sondern wir können – wie Sie das beim Amazon Alexa Skill kennen – direkt mit dem System kommunizieren. Es liegt nahe, dass die Systeme dafür sowohl Sprache interpretieren können müssen, das wäre dann Natural Language Understanding. Und genauso – wir möchten ja eine Antwort haben: Wenn wir einen Amazon Alexa Skill fragen, wie das Wetter heute wird, dann möchten wir die Antwort als Sprachausgabe bekommen. Also brauchen wir eine Möglichkeit der Erzeugung natürlicher Sprache: Natural Language Generation (Abb. 7).

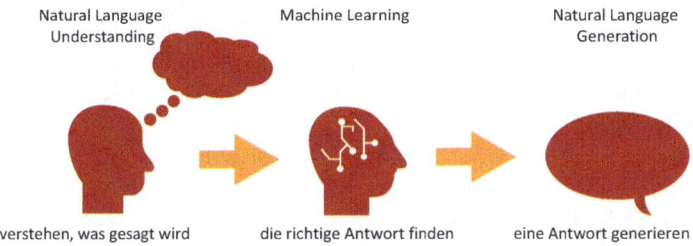

Abb. 7 Large Language Models. (Quelle: eigene Darstellung angelehnt an https://datasolut.com/wp-content/uploads/2021/05/NLP-Prozess-1-1024x576.jpg.webp)

Uns begegnet das überwiegend bei Chatbots oder Google Translate. Was immer Sie von diesen Anwendungen benutzen, Natural Language Processing gehört zu unserem Alltag. Viele denken vielleicht nicht darüber nach, wie das genau funktioniert. Das müssen die Anwender ja auch nicht wissen, aber als Verlag oder als Publisher sollten wir natürlich genau wissen, was NLP kann und was es nicht kann, um beurteilen zu können, inwiefern es für unsere Geschäftstätigkeit relevant werden kann.

Zweites wichtiges Forschungsgebiet in diesem Sektor sind die Large Language Models, große Sprachmodelle, die in der Lage sind, wiederum mit Deep-Learning-Algorithmen, sehr große Datenmengen zu verarbeiten. Sie werden damit trainiert und können anschließend Sprache sehr gut verarbeiten. Denken Sie an ein einfaches Beispiel: die Wortstellung im Deutschen. Ein Satz wie „Leon hat Corona" hat eine andere Bedeutung als die Wortreihenfolge „hat Leon Corona", weil das eine ein Aussagesatz ist und der andere ein Fragesatz. Damit eine KI das interpretieren kann, braucht sie im Hintergrund entsprechende Modelle, um das mal sehr stark zu vereinfachen. Nicht, dass der Eindruck entsteht, es werden um ihrer selbst willen Möglichkeiten erforscht, die keinen konkreten Nutzen haben. Im Gegenteil, unser Alltag ist immer stärker davon geprägt und wenn die Interaktion zwischen Mensch und Maschine sprachgesteuert, bequemer, komfortabler werden soll, sind große Datenmodelle ganz wichtige Voraussetzungen.

Ich komme nun noch zu einer visuellen Anwendung. Hierfür habe ich mit unserer akademischen Mitarbeiterin Nicole Fröhlich, die mich ganz substanziell unterstützt hat bei der Recherche, Instagram-Fotos, also potenzielle Fotos für Instagram-Posts, generieren lassen. Ich habe oben die Keywords reingeschrieben. Wir haben eingegeben: Buchcover, Penguin Random House – weil das ein Verlag ist, der in Covergestaltung sehr stark ist. No offense oder keine Herabsetzung anderer Publikumsverlage, aber die Trainingsdaten müssen aussagekräftig sein, und Penguin ist bei Covern sehr stark vertreten, stellt also viele Trainingsdaten.

Wir haben gesagt, wir wollen einen Instagram-Post machen, und noch konkreter ein Bookstagram-Post. Das sind die Instagram-Postings, die sich speziell mit der Vermarktung oder der Kommunikation über Bücher befassen. Und sehen Sie, welche Fotos wir mit diesen Inputdaten bekommen haben (s. Abb. 8). Die KI hat

Abb. 8 für Bookstagram-Post erstellte Fotos, KI-generiert über https://getimg.ai/text-to-image

anhand der Trainingsdaten ganz offensichtlich lernen können, dass Bücher ganz häufig auf Tischen fotografiert werden. Wenn Sie Instagram-Nutzer sind, besonders Bookstagram-Nutzer, dann kennen Sie diese Tischoberflächen als Hintergrund, wohlgemerkt, belletristischer Bücher. Das ist im Fachbuchbereich naturgemäß anders. Aber so ähnlich sind die Fotos. Da steht meistens eine Kaffeetasse dabei, vermutlich aus atmosphärischen Gründen, weil das suggeriert, hier hat es sich jemand gemütlich gemacht. Und all das hat die KI sozusagen aus den Trainingsdaten heraus gewusst und dann vorgeschlagen: Liebe Leute, wenn ihr so ein Bild wollt, das sollte alles drauf sein. Sie konnte auf der Basis der Trainingsdaten vorhersagen, wie ein Belletristik-Cover ungefähr aussieht. Wir könnten damit also einen Fake-Instagram-Post produzieren. Die Large Language Models waren zu dem Zeitpunkt noch nicht so ausgefeilt, deshalb kommt in dem Beispiel fiktionale Sprache oder Schrift zum Einsatz.

Ich möchte langsam zum Ende kommen und abschließend auf rechtliche und ethische Fragen eingehen. Viele von Ihnen werden sich schon in den zurückliegenden zehn Minuten gefragt haben: Ist das alles gesellschaftlich verantwortbar? Ist das alles rechtlich zulässig? Tatsächlich stoßen wir auf interessante Fragen auf dem Gebiet des Urheberrechts, weil der Urheber natürlich mit seinem Werk geschützt ist, durch das Urheberrecht. Aber das geht eben immer von dem Konzept eines menschlichen Schöpfers aus. In

§ 2 Abs. 2 UrhG ist von der persönlichen geistigen Schöpfung die Rede. Es stellt sich nun die konkrete Frage, ob von Algorithmen generierte Inhalte als eine persönliche geistige Schöpfung betrachtet werden können und ob demzufolge diese Gesetze hier Anwendung finden. Deshalb gibt es die noch offen Fragen, zum Beispiel ob Algorithmen schutzfähig sind, was wiederum unternehmerisch sehr relevant ist. Wenn Sie Algorithmen entwickeln und viele betriebliche Ressourcen investieren, die Ergebnisse hinterher aber nicht schützen können – so wie Sie Titelschutz beantragen können oder wie Sie urheberrechtlich geschützte Werke erstellen können –, wäre das unternehmerisch ein bisschen riskant. Es stellt sich also die Frage: Wem wären die Urheberrechte an KI-Erzeugnissen eigentlich zuzuschreiben?

Genauso muss eine Gesellschaft sich ethische Fragen stellen. Wie bewerten wir die Möglichkeiten, die Künstliche Intelligenz liefert? Welche Schranken setzen wir diesen Möglichkeiten? Es liegt auf der Hand, dass man mit einer KI genauso konstruktive und erwünschte Inhalte generieren kann, wie auch welche, die sich mit den Grundwerten unserer freiheitlich demokratischen Grundordnung nicht vereinbaren lassen. Natürlich muss eine Gesellschaft dazu Stellung beziehen. Die UNESCO hat eine Empfehlung ausgesprochen, wie man – zum Beispiel in Deutschland – mit KI umgehen könne und wie Staaten ihre gesellschaftliche Verantwortung hierbei wahrnehmen können.

Ich komme zu meinem Fazit, was ich als ein Zwischenfazit formuliert habe für unsere ganze Veranstaltung, weil ich damit gleich zu den weiteren Vorträgen überleiten möchte. Die schwache KI ist längst Realität. Wir brauchen nicht darauf zu warten oder zu spekulieren. Die Frage ist, wer sie einsetzt. Es geht gar nicht darum, ob sie eingesetzt wird, weil die globalen Tech-Unternehmen dies auf jeden Fall tun. Die Verlagsbranche, wenn ich sie so als Branchencommunity adressieren darf, muss sich klar werden, welche Rolle sie bei dieser Entwicklung spielen möchte. Ob sie das Spiel aus der Hand gibt, um es überspitzt zu formulieren, oder ob sie Mitgestalterin sein möchte dieser Nutzung – was allerdings die ethischen Aspekte weder klärt noch beseitigt. Natürlich muss das Ethische weiter gesellschaftlich diskutiert werden. Ich glaube, das wichtigste Fazit für Verlage ist, wie wichtig Daten sind. Ich bin selbst gerade in einem Forschungsprojekt mit einem Verlag dabei, Machine Learning zu trainieren, um Daten aus der Vergangenheit für die Prognosen einer Zukunft zu verwenden. Wir sind als Erstes darüber gestolpert – und es ist ein namhafter Verlag, auch wenn ich ihn nicht nennen darf –, wie viele Daten als Word-Dateien vorliegen, welche sich schlechterdings nicht eignen, um eine KI damit zu trainieren.

Also: „Daten, Daten, Daten!", könnte man sagen, das ist eine ganz wichtige Hausaufgabe. Denn nur mit strukturierten Daten, und das werden die Beispiele der nachfolgenden Redner zeigen, haben Sie eine Chance, die Potenziale von KI zu heben, um Ihren Verlag an bestimmten Punkten voranzubringen, sich fit für die Zukunft zu machen und vielleicht sogar ganz neue Geschäftsmodelle und Produktformen zu entwickeln.

Künstliche Intelligenz im Einsatz am Beispiel des Wissenschaftsverlages Springer Nature

Henning Schönenberger

Ich möchte in meinem Vortrag *KI im Einsatz am Beispiel des Wissenschaftsverlages Springer Nature* zwei Dinge unternehmen. Zum einen möchte ich die Bereiche, Prozesse und Workflows bei uns aufführen, in denen wir im Verlag KI im Einsatz haben. Das wird relativ kursorisch geschehen. Zum anderen möchte ich in einem längeren Teil an einem Beispiel etwas erzählerischer darauf eingehen, wie wir KI einsetzen und überhaupt in der Produktentwicklung arbeiten. Das werde ich am Beispiel eines KI-generierten Buches zeigen. Ich könnte den Einsatz von KI an ganz vielen anderen Beispielen erläutern, aber am Thema KI-generierte Bücher bin ich sehr nah dran und habe nicht nur deswegen dieses Beispiel ausgewählt, sondern auch weil sich darüber eine gute Geschichte erzählen lässt.

Vorweg ein bisschen Kontext: Springer Nature ist einer der größten Wissenschaftsverlage weltweit. Wir sind der größte Buchverlag der Welt. Wir publizieren eine große Zahl wissenschaftlicher Zeitschriften, zum Beispiel „Nature", „Scientific Reports" oder populärwissenschaftliche Zeitschriften wie „Scientific American" und „Spektrum der Wissenschaft", neben einer ganzen Reihe von Fachdatenbanken und Services für WissenschaftlerIn-

---

H. Schönenberger (✉)
Springer-Verlag GmbH, Heidelberg, Deutschland
E-Mail: henning.schoenenberger@springer.com

© Der/die Autor(en), exklusiv lizenziert an Springer Fachmedien Wiesbaden GmbH, ein Teil von Springer Nature 2024
O. Schlüter (Hrsg.), *KI als Zukunftsmotor für Verlage*,
https://doi.org/10.1007/978-3-658-43037-5_4

nen. Und nicht zu vergessen: Springer und Nature sind nur zwei Marken. Es gibt eine ganze Reihe weiterer Marken und Imprints wie Palgrave, Gabler, VS Verlag, BioMed Central, Metzler und viele weitere, also eine ganze Reihe von Verlagsimprints, die bei Springer Nature ihr Zuhause haben.

Wenn ich über KI spreche – Herr Schlüter, was Sie gesagt haben, ist übrigens alles korrekt –, mache ich es mir sogar noch einfacher. Ich benutze die Begriffe KI, Künstliche Intelligenz, Machine Learning, Mustererkennung und neuronale Netze im Rahmen dieses Vortrages synonym. Das macht es ein bisschen einfacher.

Ich möchte relativ kursorisch erläutern, in welchen Services, in welchen Prozessen und Workflows wir KI im Einsatz haben (Abb. 1). Tatsächlich ist in nahezu allen Bereichen bei uns KI im Einsatz. Und Sie haben Recht, Herr Schlüter, es handelt sich zurzeit lediglich um die sogenannte schwache KI, die ich allerdings als gar nicht so ‚schwach' bezeichnen würde, denn es handelt sich um eine sehr mächtige Technologie, die wir einsetzen.

Was machen wir damit? Ich gehe das kurz durch. Wenn Forschende ihre wissenschaftlichen Beiträge bei uns einreichen, dann wissen sie bei der Masse an Zeitschriften oftmals gar nicht, in welcher Zeitschrift sie veröffentlichen wollen. Wir setzen KI ein, um wissenschaftliche Zeitschriften über Mustererkennung mit den eingereichten Zeitschriftenartikeln übereinander zu bringen

- Empfehlung wissenschaftlicher Zeitschriften
- Automatische Klassifikation von Texten
- Auswahl der Gutachter (Peer-Reviewer)
- Automatische Konvertierung der Manuskripte in die Zielformate
- Extraktion von Kernaussagen und Daten aus wissenschaftlichen Inhalten
- Extraktion von Fragen & Antworten (Lernkarten)
- Plagiarismus-Checks
- Digitales Editing
- Automatische Übersetzung
- Textzusammenfassung und Textgenerierung
- Kundenservice

Abb. 1 KI-Anwendungsbereiche bei Springer Nature. (Quelle: eigene Darstellung)

und dann eine Empfehlung zu geben, welche Zeitschrift für einen wissenschaftlichen Artikel am besten geeignet wäre. Die wissenschaftlichen Texte werden dann automatisch klassifiziert und eingeordnet. Und damit meine ich nicht nur die Grobeinteilung in Ingenieurwissenschaften, Mathematik, Sozialwissenschaften etc., sondern sehr tief in die Fachbereiche gehend. Das alles passiert mit Hilfe Künstlicher Intelligenz, also Mustererkennung.

Die Auswahl der Gutachter*innen für das sogenannte Peer Review ist im Wissenschaftsverlag eine zentrale Aufgabe. Und weil das so viele Personen sind, setzen wir auch in diesem Bereich Mustererkennung ein, die uns in die Lage versetzt, Empfehlungen auszusprechen, wer sich als Gutachter*in für welche wissenschaftlichen Artikel am besten eignet.

Auch bei der automatischen Konvertierung der Manuskripte in die verschiedenen Zielformate nutzen wir KI. Die Manuskripte kommen bei uns in ganz unterschiedlichen Formaten an, und Künstliche Intelligenz kann helfen, diese Zielformate besser zu erreichen. Ein weiterer Bereich ist die Extraktion von Kernaussagen oder von Daten aus langen Texten, aus großen Textkorpora, um sie in wissenschaftlichen Datenbanken verfügbar zu machen. Wir können heute aus Texten Fragen und Antworten extrahieren, was eine Art der Textkonvertierung ist, denn die Fragen und Antworten sind in den Texten noch nicht explizit ausformuliert. Mit KI machen wir damit unsere Lehrbücher zu noch besseren Lehrbüchern, wenn wir zum Beispiel KI-generierte Lernkarten hinzufügen können. Darüber hinaus ist Plagiarismusprüfung von zentraler Wichtigkeit. Wir sind natürlich damit konfrontiert, dass bei uns eingereichte wissenschaftliche Inhalte mitunter Plagiate aufweisen. Mit Hilfe von KI können wir das gut erkennen.

Für digitales Editing bieten wir Wissenschaftler*innen ein Tool an, mit dem sie die Qualität ihrer Texte verbessern können. Dieses Programm ist stark kalibriert auf wissenschaftlichen Stil und Vokabular. Für automatische Übersetzungen haben wir dagegen kein eigenes Tool entwickelt, sondern greifen auf „DeepL" und „GPT", also große Sprachmodelle, sogenannte Large Language Models zurück, die beide sehr gut übersetzen können. Das ist insofern großartig, weil wir auf diese Art und Weise spanische, portugiesische, japanische oder chinesische Manuskripte, die wir sonst gar nicht veröffentlichen würden, automatisch übersetzen und überhaupt erst akquirieren können, um sie dann in einer Zielsprache – z. B. Englisch – einem viel größeren globalen Publikum zur Verfügung zu stellen. Auch Textzusammenfassung und Textgenerierung funktionieren heute schon ziemlich gut über KI. Und natürlich haben wir KI in unserem Kundenservice im Einsatz.

KI ist inzwischen eine Selbstverständlichkeit für uns. Und obwohl KI, und zwar die erwähnte schwache KI, in fast allen Bereichen eingesetzt wird, steckt nicht in allen Beispielen, die ich Ihnen genannt habe, nur KI in dem genannten Sinne. In vielen der Anwendungsbeispiele sind auch normale Algorithmen am Werk, nicht zu vergessen die Mensch-Maschine-Interaktion, denn natürlich kann nicht alles allein von Maschinen oder von einer KI selbstständig von Anfang bis Ende bearbeitet werden, und wir wollen das auch nicht.

Ich komme jetzt zu dem erzählerischen Teil und möchte Ihnen an einem Beispiel zeigen, wie wir Technologie, wie wir Künstliche Intelligenz in der Produktentwicklung einführen und anwenden. Dabei sind drei Begriffe von zentraler Bedeutung, weil sich das Vorgehen an ihnen gut operationalisieren lässt (Abb. 2).

Diese Begriffe sind „Möglichkeiten, Risiken, Vertrauen", wobei mir die englischen Begriffe „opportunities, risks und trust" etwas besser gefallen, denn sie sagen noch etwas genauer, was ich

Abb. 2 Möglichkeiten, Risiken, Vertrauen und die Rolle von Verlagen. (Quelle: eigene Darstellung)

meine, aber das können Sie womöglich besser nachvollziehen, wenn Sie dem folgen, was ich jetzt versuche darzustellen.

Ich bin vor ungefähr fünf Jahren an die amerikanische Westküste gereist und habe Seattle und das Silicon Valley besucht, also die mythischen Orte der amerikanischen Technologieentwicklung. Die Reise war unheimlich spannend. Ich habe eine ganze Reihe von Firmen und Organisationen besucht, zum Beispiel das Allen Institut for Artificial Intelligence, habe mit Leuten von Wikipedia gesprochen. Ich habe dort eine Reihe von Vereinbarungen geschlossen und vorbereitet. Ich war bei einer kleinen Firma in Palo Alto, die Künstliche Intelligenz entwickelt hat, die Firma hieß Meta. Diese Firma wurde vor einigen Jahren von der Chan Zuckerberg Initiative gekauft, einer Organisation von Mark Zuckerberg und seiner Frau Priscilla Chan. Vor anderthalb Jahren wurde diese kleine Firma geschlossen und eine viel größere Firma hat sich dann in Meta umbenannt. Und ich bin froh, dass ich noch die Originalfirma kennengelernt habe. Das waren für mich ganz spannende Leute.

Was diese Firmen ziemlich gut können, ist aus großen Textmassen Daten herauszunehmen, zu extrahieren, in Datenbanken umzuwandeln und verfügbar zu machen und schließlich miteinander in Beziehung zu setzen. Und weil diese Firmen über große Ressourcen und Serverlandschaften verfügen, können sie das mit sehr großen Datenbeständen durchführen. Ich habe mir dann gedacht: Ließe sich nicht auch der umgekehrte Weg gehen? – Und das war vor fünf Jahren; heute ist diese Frage schon redundant. – Aber ich habe mir damals die Frage gestellt: Ließe sich der umgekehrte Weg gehen? Wenn wir aus Texten Daten machen können, können wir nicht auch aus Daten Texte machen? Also habe ich ein paar Firmen, die ich dort besucht habe, gefragt: Könnt ihr das? Könntet ihr aus Daten einen sinnvollen, lesbaren Langtext machen, den ich als Verlag in einer Zeitschrift oder als Buch drucken und verfügbar machen kann? Und das Interessante ist, mehrere der Firmen, sogar fast alle haben gesagt: Ja, das können wir, das geht, die Technologie ist da. Aber warum sollten wir das eigentlich machen? Das verstehen wir nicht. Es ist doch klasse, aus Texten Daten zu machen. Was soll der umgekehrte Weg? Und das hat mich sehr erstaunt.

Ich bin dann nach Deutschland zurückgeflogen und habe im Flugzeug nachgedacht. Ich habe gedacht, warum? Warum verstehen die das nicht? Da ist es mir wie Schuppen von den Augen gefallen. Es ist ganz klar, dass sie das nicht verstehen. Das sind keine Verlage! Die wissen gar nicht, was es heißt, Bücher oder Zeitschriften zu veröffentlichen. Vielleicht überspitze ich jetzt hier etwas. Und das Zweite, das ich gedacht habe: Die haben mir gesagt, was sie können, und wissen gar nicht, auf welchem Schatz sie sitzen. Und womöglich bleibt mir ein Jahr, maximal zwei Jahre Zeit, um so etwas selbst zu verwirklichen.

Ich bin nach Deutschland zurückgekommen und habe mit unserem Managing Director Books gesprochen. Herr Schlüter, Sie kennen ihn, das ist Niels Peter Thomas. Und ich habe ihm gesagt: „Schau mal, ich habe Firmen kennengelernt, die haben mir gesagt, dass sie aus Daten Text machen können." Und dann gab es einen schönen Augenblick, den ich bemerkenswert fand. Das war ein bisschen so wie in der Luftfahrt. 1965 gab es diese Anekdote, dass der Chef von Boeing und der Chef von Pan American Airlines dieses legendäre Gespräch hatten über ein großes zu bauendes Flugzeug, nämlich den Jumbojet. Da gab es diese Unterhaltung: „If you build it, I will fly it." Und der andere hat geantwortet: „If you fly it, I will build it". Und ich hatte mit dem Managing Director Books eine ganz ähnliche Unterhaltung: „Wenn du es schaffst, so ein Buch zu bauen, dann werde ich es verlegen." Und ich habe gesagt: „Wenn du es verlegst, dann werde ich es bauen."

Und was haben wir gemacht? Wir haben tatsächlich einige Angebote eingeholt. Aber die Firmen an der amerikanischen Westküste waren recht teuer. Ich lernte einen Professor der Universität Frankfurt kennen, Christian Chiarcos, den Leiter des Institutes für angewandte Computerlinguistik. Er sagte ebenfalls: „Ja, das können wir mit meinem Team machen." Und von Frankfurt nach Heidelberg ist der Weg auch gar nicht so weit. Wir brauchten knapp 18 Monate, bis wir dieses Buch veröffentlichten: Lithium-Ion Batteries, A Machine-Generated Summary of Current Research. Eine maschinell generierte Zusammenfassung der aktuellen Forschung. Wir haben sehr viele Manuskripte ausprobiert in zahlreichen Disziplinen: Sozialwissenschaft – ich bin ja selber

Sozialwissenschaftler – Ingenieurwissenschaften etc. An die Medizin wollten wir uns nicht dran wagen, aber auf einmal kam in der Chemie bzw. Materialwissenschaften, ein ziemlich gutes Manuskript raus, nämlich über Lithium-Ionen-Batterien. Die Sprache war sehr faktenorientiert, das heißt, der Text bestand aus sehr übersichtlichen Sätzen. Dieses Buch haben wir veröffentlicht und wir waren mir sehr viel Enthusiasmus bei der Sache. Diese Projekte machen ja sehr viel Spaß. Der Autor zum Beispiel heißt Beta Writer. Diesen Autor gibt es natürlich gar nicht. Das heißt, wir haben uns erlaubt, diesen fiktiven Autor so zu nennen. Darauf gehe ich später noch ein.

Denn ich komme jetzt zum zweiten Punkt: Was ist passiert? Ich bin als Verleger in die Situation gesetzt worden, oder ich habe mich selbst in die Situation gesetzt, dass ich versucht habe zu erkennen, was technisch möglich ist, was Technologiefirmen, weil sie den verlegerischen Hintergrund nicht haben, gar nicht selbst erkannt haben. Und ich habe einfach die Gelegenheit, diese Opportunity ergriffen. Ich glaube, das ist für Verlage eine ganz, ganz große Chance, nicht nur zu sagen: Ach, diese Tech-Firmen, über die mache ich mir ganz große Sorgen, sondern den Versuch zu machen, zu erkennen, was können wir eigentlich als Verlage unternehmen, um solche Gelegenheiten beim Schopfe zu packen. Risiko. In dem englischen Wort „risk" steckt ja auch ein bisschen Gelegenheit hinter. Aus Risiko ergibt sich eine Gelegenheit. Aber Risiko heißt für mich im Grunde auch das deutsche Risiko oder Gefahr. Es ist mir nämlich in dieser ganzen Produktentwicklung, auch nachdem wir dieses Buch veröffentlicht haben, sehr wichtig gewesen, die Gefahren zu sehen. Und es gibt zwei Gefahren, die ich sehe. Es ist aus meiner Sicht sehr gut, dass wir dieses Projekt als Verlag durchgeführt haben. Ich würde mich sehr unwohl fühlen, wenn Technologieunternehmen das selbst machen würden und eben nicht verlegerisch begleiten, weil ich glaube, das können wir als Verlag viel besser.

Wir haben ja in jüngster Vergangenheit Medienentwicklungen und Technologieentwicklungen gesehen, die nicht verlegerisch und durch die Technologieunternehmen nicht verantwortungsvoll begleitet wurde, zum Beispiel die sozialen Medien. Ich glaube, bei den sozialen Medien ist viel falsch gelaufen, weil dort zwar

Technik eingeführt wurde, aber ohne diese Technik durch Empfehlungen, durch Best Practices zu begleiten. Und ich glaube, wir alle haben gesehen, dass da einiges schiefgelaufen ist. Das ist eine Gefahr.

Die andere Gefahr ist: In der Technologieentwicklung muss ich die Leute mitnehmen. Ich musste, um das KI-generierte Buch auf den Weg zu bringen, intern eine ganze Reihe von Kollegen überzeugen, dass und warum wir das machen wollen. Und natürlich muss ich eine Geschichte erzählen. Ich muss sagen: liebe Autorinnen, liebe Autoren, ihr seid unsere Kunden. Ihr kommt zu uns und wollt eure Bücher bei uns veröffentlichen. Darüber freue ich mich sehr. Also muss ich die Frage beantworten können: Wollt ihr jetzt Bücher machen, die von Maschinen generiert werden? Natürlich nicht.

Alle diese Sorgen und Bedenken habe ich aufgenommen: Ich habe mit einem großartigen Team aus vielen Abteilungen zusammengearbeitet. Wir haben seitdem eine Anzahl von weiteren maschinen-generierten Büchern veröffentlicht, unter anderem dieses Beispiel: „Climate, Planetary and Evolutionary Science". Auf dieses Buch bin ich besonders stolz, denn es ist eine echte Weiterentwicklung. Darauf steht ein Name: „Guido Visconti", den es wirklich gibt. Was haben wir bei diesem Buch gemacht? Wir haben einen Professor aus Italien gefragt, ob er Interesse hat, sich ein maschinen-generiertes Manuskript anzuzeigen, zu kuratieren, zu editieren, mit der Maschine im Sinne einer Mensch-Maschine-Interaktion zu arbeiten, um am Ende für die Veröffentlichung als Herausgeber geradestehen zu können. Und das ist uns als Verlag, als Wissenschaftsverlag sehr wichtig: Wer ist am Ende für die Publikation verantwortlich? Wir haben etwas entwickelt, das es uns erlaubt, die Accountability, also die Haftung, die Verantwortung wieder einem Herausgeber zurückzugeben. Der Herausgeber hat sich für dieses Buch überhaupt erst mit dieser Technologie auseinandergesetzt und diesen Themenbereich kennengelernt.

Und das führt mich zu dem dritten Punkt: Trust, Vertrauen. Wenn ich in der Produktentwicklung eine technische Gelegenheit erfasse und damit auch Risiken eingehe, muss ich eine Geschichte erzählen können, die mein Vorgehen mit Sinn versieht. Das Storytelling trägt dazu bei, Vertrauen aufzubauen, das wiederum in die Produktentwicklung einfließt. Alles, was wir in diesem Bereich unternehmen, ist transparent. Wir wollen immer transparent sein. In diesen Büchern steht drin, wie sie entstanden sind. Wir wollen Verantwortlichkeit zeigen, wir wollen Accountability. Es wird keine Bücher geben, die nur von Maschinen gemacht werden, sondern sie sind immer kuratiert. Das ist ein Zeichen für Integrität – der englische Begriff Research Integrity –, das ist im Wissenschaftsbereich von zentraler Wichtigkeit. Aus meiner Sicht sind diese drei Schritte – Möglichkeiten, Risiken, Vertrauen – notwendig, um Künstliche Intelligenz in der Produktentwicklung einzubauen.

Ich würde meinen Vortrag gerne mit ein paar Sätzen zur Rolle des Autors schließen. Und das ist aus unserer Sicht natürlich die Rolle des Autors eines Wissenschaftsverlags. Ich kann mir vorstellen, dass dieser Aspekt aus der Perspektive eines Publikumsverlags eine etwas andere Konnotation hat. Was bedeutet die neue technologische Entwicklung für die Rolle wissenschaftlicher AutorInnen? Ich gehe davon aus, dass es in Zukunft eine ganz breite Palette geben wird von Optionen für die Erstellung wissenschaftlicher Inhalte. Natürlich wird es weiterhin 100 % human-written Texte geben, aber ein ganzes Spektrum von Mischformen bis hin zu 100 % maschinen-generierten Inhalten. Und damit spreche ich nicht nur von Büchern. Ich gehe nicht davon aus, dass AutorInnen durch Algorithmen ersetzt werden. Im Gegenteil gehe ich davon aus, dass die Rolle von Forschenden und AutorInnen immer wichtig und zentral bleiben wird, sich aber tatsächlich wesentlich verändern wird, da immer mehr Forschungsinhalte von Algorithmen erstellt bzw. vor-erstellt werden. Und in gewisser Weise unterscheidet sich diese Entwicklung nicht so sehr von der Automatisierung in der Produktfertigung generell.

Ich glaube, es gibt immer diesen Rückgang von Handarbeitern, also wörtlich von „manufacturers", und praktisch einen Zuwachs von Designern. Und vielleicht wird in Zukunft die Erstellung wissenschaftlicher Inhalte einen ähnlichen Rückgang von AutorInnen als Textarbeitern bringen und eine Zunahme von wissenschaftlichen Textdesignern. Es gibt ein ganz schönes Zitat – und damit möchte ich schließen – von Ross Goodwin, einem amerikanischen Technologiekünstler bzw. Creative Technologist, so würde ich ihn nennen, eine echte Koryphäe. Ich glaube, er arbeitet heute bei Google. Ich schließe also mit einem Zitat von ihm: „Wenn wir Computern das Schreiben beibringen, ersetzen die Computer uns genauso wenig, wie Klaviere Pianisten ersetzen. In gewisser Weise werden sie unsere Stifte und wir werden mehr als Autoren. Wir werden zu Autoren von Autoren."

Digital Publishers

Marc Hiller

Vielen Dank an Okke Schlüter für die Einladung, aber auch für die tolle Einführung. Sie ist ja doch komplex gewesen, aber hat das Thema relativ gut für das nicht technische Publikum dargestellt und die Unterschiede dargestellt des Spektrums der Künstlichen Intelligenz.

Auch ich musste mich mit diesem Thema auseinandersetzen und mich langsam heranführen. Mein Name ist Marc Hiller, ich bin Gründer von DP Digital Publishers. Im Gegensatz zu meinem Vorredner, dem Herrn Schönenberger, der sozusagen mit der Größe des Unternehmens und der Vielfalt der Marken glänzen konnte, natürlich auch mit den Themen, die er vorangetrieben hat, sind wir noch ein kleineres Licht bzw. schlicht ein Start-up. Aber es ist schön zu sehen, wie breit das Spektrum ist, vom größten Buchverlag zu einem deutlich kleineren Start-up, und zu zeigen, was heute möglich ist mit Technologie. DP ist vor allem mit den Marken DP Verlag Booksnacks, Secret Desires oder DP Audiobooks, der Hörbuchmarke, am Markt aktiv. Unser Fokus liegt klar auf belletristischer Literatur, vor allem der populären Literatur, alles, was sich schnell lesen lässt und unterhält. So kann man es immer gut zusammenfassen; auch für alle Bewerber, die uns im ersten Interview bei uns kennenlernen.

M. Hiller (✉)
dp DIGITAL PUBLISHERS GmbH, Stuttgart, Deutschland
E-Mail: mh@digitalpublishers.de

Mein Vortrag ist ganz deutlich weniger aus dem Blickwinkel der technischen Kompetenz, sondern klar aus dem Blickwinkel des Anwenders konzipiert. Das heißt, ich gehe weniger auf technische Themen ein, denn ich kann Fragen zwar an der Oberfläche beantworten. Aber wenn Fragen da sind, in die Tiefe gehen, müsste ich tatsächlich die Kompetenzträger in unserem Team zu Rate ziehen. Aber das können wir dann gerne noch tun. Vielleicht zum Anfang: Warum habe ich DP gegründet? Der Grundgedanke war es, dass Verlage grundsätzlich sehr charmant sind in dem, was sie tun, und ich glaube, jeder verbindet mit Verlag grundsätzlich etwas Positives. Ich bin gelernter Verlagskaufmann und Betriebswirt. Und letztendlich gibt es in Verlagen viel Gutes, aber auch viele Denkhürden oder Hürden, die digitale Menschen einbremsen können, ohne das in irgendeiner Form bösartig zu sagen. Aber wenn man auf der grünen Wiese startet, dann gibt es keine Gegenstimmen gegen etwas, sondern man fängt einfach bei null an und freut sich über jede Eins, die dazukommt. Und der Gedanke war, die Qualität der tradierten Verlagshäuser zu kombinieren mit einer digitalen Kompetenz der Start-ups und natürlich auch dem Team-Gedanken oder eine Unternehmenskultur von Start-ups.

Vielleicht vorab ein kleiner Einblick, wie wir den Prozess der Content-Verwertung sehen und anwenden (Abb. 1). Wir gehen ganz klar vom Rohmanuskript aus, wie es alle anderen auch tun. Sehen dann als Nächstes das E-Book. Wir blenden das tradierte gedruckte Buch aus. Das sage ich auf der einen Seite natürlich mit einer kleinen Demut, weil auch ich gern in Buchhandlungen gehe und gedruckte Bücher lese. Nichtsdestotrotz ist es natürlich im physischen Bereich deutlich schwerer, einen Verlag zu gründen,

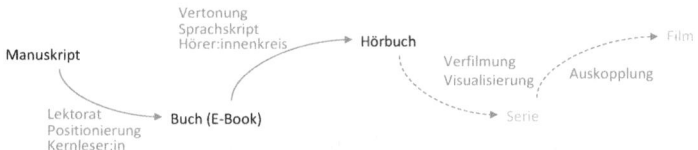

Abb. 1 „Lesen, hören, sehen." – Serienreife Vermarktung literarischer Inhalte bei dp. (Quelle: eigene Darstellung)

und mit deutlich höherem Risiko behaftet, was das Thema Vertriebswege angeht und Sichtbarkeit im Buchhandel. Wir gehen einen Schritt weiter und haben vor zwei Jahren begonnen, das Thema Hörbuch anzugehen, weil wir glauben, dass auf Dauer das E-Book und das Hörbuch nicht mehr voneinander zu trennen sein werden. Vor allem, wenn man die jüngeren Zielgruppen sieht und alle die Menschen beobachtet, die einen Knopf im Ohr haben und um die 20 sind, die das gar nicht mehr kennen ohne Knopf im Ohr. Die Zielgruppen werden wahrscheinlich irgendwann gar nicht mehr fragen: „Ist es ein E-Book oder ein Hörbuch?" – das Format ist egal. Ich kann's streamen, ich kann's anhören, ich kann's lesen, wie ich's eben brauch' konsumieren. Und letztendlich ist der Gedanke klar da – und da bereiten wir uns darauf vor –, dass es eben weitergeht, vom Gesehenen, Gelesenen vielmehr zum Gehörten bis hin zur Verfilmung. Das heißt, da ist die Wertschöpfungsstufe aktuell für uns zu Ende, und es wird sicherlich nicht jeder Inhalt bis zum Film bringen. Aber man muss immer die Möglichkeiten sehen. Und ich sage immer, nichts ist ausgeschlossen.

Wo stehen wir heute? Wir sind einer der führenden unabhängigen Verlage im deutschsprachigen Raum, wenn es um das Digitale geht. Sie wissen, 99 % unserer Umsätze werden über digitale Produkte erlöst. Das eine Prozent sind tatsächlich Print-on-Demand-Titel, die wir publizieren und als Printprodukt anbieten. Aber wir sehen es ganz klar als Marketingtool im Sinne der Preisgebung gegenüber dem digitalen Berg.

Wir publizieren pro Monat um die 20 bis 25 E-Books und 10 bis 12 Hörbücher. Jeder, der jetzt denkt, E-Books seien einfach zu publizieren, der sollte wissen, dass auch ein E-Book heutzutage nicht nur schön aussehen muss für den Konsumenten, sondern definitiv lektoriert und korrigiert werden sollte. Das heißt, jedes unserer Produkte, das das Licht der Welt erblickt, hat diesen Prozess hinter sich gebracht. Bei Hörbüchern ist der Prozess noch aufwendiger, denn die werden eingesprochen. Und jeder, der schon mal eingesprochen, seinen Kindern vorgelesen hat, weiß, dass es eine gewisse Zeit dauert, bis ein 200 bis 400 Seiten starkes Buch vorgelesen und beendet ist.

Aktuell beheimaten wir um die 1000 Werke von mehr als 300 Autor*innen aus dem In- und Ausland. Ein wichtiges Element für die Qualität unserer Werke stellt für uns die Rezension dar. Deswegen haben wir uns in den letzten sechs Jahren sehr stark darauf konzentriert, unsere Community Base aufzubauen. Wir haben über 6000 Rezensenten und die bewerten unsere Produkte gut, aber auch teilweise nicht so gut. Das gehört genauso zum Leben dazu. Aber nichtsdestotrotz achten wir natürlich darauf, dass wir unseren Communitymitgliedern nur die Werke anbieten, die ihnen gefallen könnten. Das heißt, wir haben im Schnitt über unsere 20.000 Rezensionen 4,2 Sterne von fünf Sternen. Das sagt auch etwas über die Qualität aus. Und wir lassen das Feedback der Rezensionen wieder in die Produkte einfließen und wenn es nicht um den konkreten Inhalt geht, sondern um Themen wie Grammatik, Orthografie etc., korrigieren wir das natürlich sofort und aktualisieren das korrigierte Produkt in allen Kanälen. Vom Umsatzniveau ist es so, dass wir, wenn man die Top 100 der deutschen belletristischen Verlage nimmt und dort nur den Digital-Umsatz, dass wir uns schon an der Top-20-Grenze bewegen. Das zeigt, welches Niveau möglich ist nach sechs Jahren und vor allem durch den Einsatz von Technik. (Abb. 2)

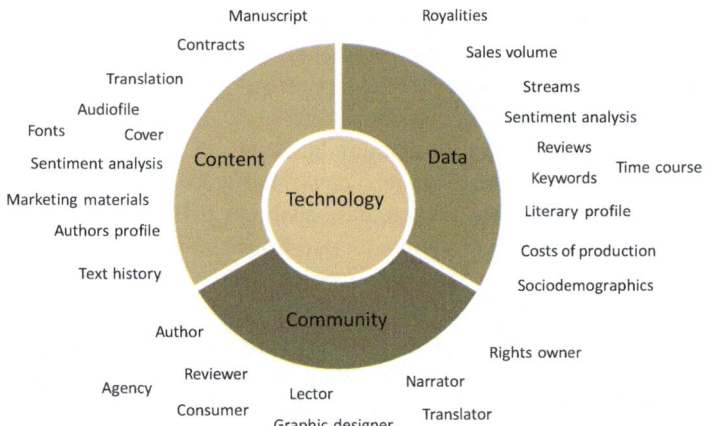

Abb. 2 Inhalte, Daten, Kontakte – Analyse, Monitoring, KPI-Entwicklung. (Quelle: eigene Darstellung)

Und da bin ich bereits beim nächsten Thema. Wir sind nicht mit einem Gedanken gestartet, dass wir von vornherein eine Künstliche Intelligenz einsetzen, sondern wir sind mit dem Gedanken gestartet, die digitale Kompetenz, die in den letzten Jahren entwickelt wurde, auch einzusetzen. Das geht von den Prozessen über die Produktion. Das gilt am Ende aber natürlich auch für das Thema Textauswahl. Und für mich als Unternehmer war es ganz wichtig – das darf man nicht unterschätzen –, es geht nicht darum, dass Jüngere keine Angst haben, Ältere Angst haben vor Technologie. Das stimmt einfach nicht. Die Wahrheit ist die: Jeder, der seinen Job liebt und der ihn gern macht, hat natürlich Angst davor, dass er in irgendeiner Form eine Kompetenz abgenommen bekommt. Ob das jetzt eine Lektorin, ein Lektor ist, ob das ein Produktmanager ist. Jeder von uns ist ein Individuum und möchte natürlich sein Know-how nicht an eine Maschine abgeben müssen. Manchmal vergisst man ein paar Fakten und deswegen war es für mich wichtig, das Thema von vornherein richtig anzugehen und aus diesen Ängsten den Shift oder den Drive zu schaffen, dass der Technologieeinsatz als Wunsch vom Team entwickelt wird und nicht meine Idee als Unternehmer ist. Das war der Grundgedanke und so habe ich es auch aufgebaut, habe den Leuten aber erklärt: Wenn man ins Jahr 1900 zurückgeht, haben die Menschen damals 132.000 h im Leben gearbeitet. Im Jahr 2010 sind es nur noch 48.000 h. Dennoch fühlen wir uns heute im Jahr 2020 wahrscheinlich noch genauso oder sogar gestresster, weil wir ganz viel nebenher verarbeiten und parallel arbeiten. Es war natürlich auch nur möglich, weniger Zeit zu investieren, aber einen höheren Output zu haben, durch Technologie oder durch die weitere Industrialisierung und später Digitalisierung. Wenn man aber nach KI fragt, kann man das Glas halb voll oder halb leer sehen: 51 % sind der KI positiv gegenüber eingestellt. Auf der anderen Seite heißt das aber, dass fast die Hälfte ein eher negatives Gefühl hat, wenn es um das Thema Künstliche Intelligenz geht. Und eine andere Untersuchung zeigt, dass 65 % schlichtweg Angst haben, ihren Arbeitsplatz zu verlieren. Solche Ängste muss man wahrnehmen, die muss man erkennen und versuchen, darauf einzugehen. (s. Abb. 3)

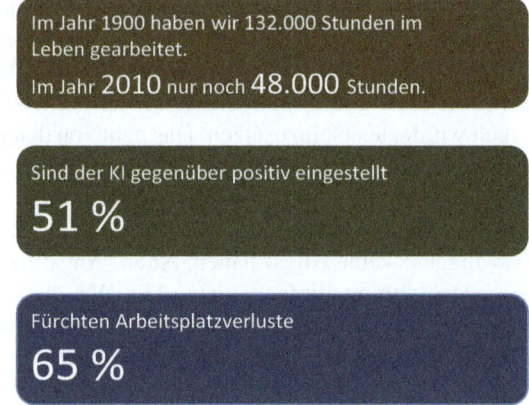

Abb. 3 Statistische Details. (Quelle: IGZA Arbeitspapier „Zeitsouveränität, Neues Normalarbeitsverhältnis und Sozialstaat 4.0 – Plädoyer für ein Lebensarbeitszeitkonto" November 2018)

Unser Grundgedanke war, dass wir im Literatursegment unheimlich viele Daten sammeln können und unheimlich viele Ansatzpunkte haben, Daten zu sammeln. Und letztendlich war mein interner Gedanke, mein Wunsch, dass wir eine Datenbank haben, die sich visuell darstellen lässt wie ein überdimensionierter Golfball. Und jeder, der schon mal einen Golfball in der Hand hatte, weiß, der hat ganz viele Ecken, aber wenn man ihn weit weghält, ist er rund und sieht aus wie ein Ball. Und an jeder dieser Ecken könnte eine Einstiegsmöglichkeit sein, der Start einer Reise und das Ergebnis dieser Reise ist eine Ergebnisanalyse. Also sprich, man kann von jedem Punkt in unserer Systemlandschaft einsteigen und die Information ziehen, die man gern möchte, und daraus KPIs bilden, Schlüsselfaktoren bilden, um den Erfolg, Misserfolg von Produkten oder die Qualität eines Rezensenten, die Qualität eines Dienstleisters oder Partners zu prüfen und in Zahlen oder in einer Kennzahl auszudrücken.

Wir haben als ersten Schritt damit begonnen, dass wir die Daten, die wir haben, in sogenannten Viewports für unsere Partner sichtbar gemacht haben (Abb. 4). So wir haben für jeden Anwendungstyp ein Dashboard geschaffen, das verschiedenste

Digital Publishers

Abb. 4 Das „Business-Flywheel" von dp. (Quelle: eigene Darstellung)

Informationen beherbergt, immer die, die derjenige braucht. Das Publishers Dashboard ist zum Beispiel das für den Verlag. Dort können Sie alles sehen. Sie sehen, wie viel Tage ein Hörbuch braucht, bis es den Break-even erreicht und welchen Deckungsbeitrag es nach diesem Break-even pro Tag generiert. Sie sehen, wie viel Rezensionen Sie in welchen Tagen generiert haben, wie die Rezensionen sich auf die Aktionen ausgeprägt haben oder andersherum, welche Wirkung die Aktionen auf den Absatz hatten. Sie sehen die Entwicklung von Reihentiteln, wie die sich weiterentwickeln. 70 % unserer Inhalte erscheinen im Serienformat, das heißt abgeschlossen für sich im Einzelfall und aber lesbar in einer Reihe. Das hat diverse Vorteile, die ähnlich sind wie bei Magazin- und Zeitschriftenabonnement. Es war uns wichtig, eine Sichtbarkeit zu schaffen, um in einem ersten Schritt zu verstehen, welche Daten wir brauchen für eine Bewertung von Manuskripten, für eine Bewertung von Produkten. Wir haben am Anfang ganz viel darüber diskutiert im Team, was heißt denn „ist gut" oder was heißt denn „läuft gut, läuft schlecht"? Letztendlich hat jedes Manuskript Leser, wird Leser haben. Die Frage ist, ob die Masse der Leser groß genug ist und ob wir als DP in der Lage sind, diese Masse zu adressieren und zu erreichen. Und insofern waren das die ersten Grundlagen.

Im zweiten Schritt haben wir das sogenannte Authors Dashboard live gestellt, weil wir der Meinung waren, dass unser Wissen viel wert für den Autor wäre. Wir haben dem Autor die Daten zur Verfügung gestellt, die für ihn wichtig sind zur Bemessung seines Erfolges, und das sind eben nicht in erster Linie die Umsatzerlöse, sondern vor allem die Absätze, die Rezensionen, welche Marke, Marketingaktionen darauf laufen oder welche Tools er von uns zur Verfügung gestellt bekommt, um sich selbst auf Instagram, auf Facebook oder anderen Kanälen zu posten. Er kann zum Beispiel ganz einfach einen oder mehrere Print-on-Demands für eine Lesung bestellen. Diese Möglichkeiten haben wir für den Autor oder für die Autorinnen mit dem Authors Dashboard geschaffen und haben einerseits eine Menge Kommunikation vom Telefon und E-Mail hierhin verlegt in einen dauerhaften Austausch per Chat und auf der anderen Seite geben wir eine gewisse Transparenz, damit der Autor oder die Autorin immer weiß, wo sie gerade steht. Die Daten, die dort einlaufen, sind tagesaktuell, das heißt, so wie wir sie haben, haben sie die Autoren auch in der Regel mit ein bis zwei Tagen Verzug.

Genau das Gleiche gilt für Rezensenten. Wenn Sie sich bei uns als Rezensent anmelden, haben Sie Zugriff auf ein Programm, das heute noch gar nicht sichtbar ist. Dort sind alle fertig lektorierten Produkte verfügbar, die Sie lesen könnten, auch wenn sie noch nicht öffentlich zu kaufen sind. Und wir haben dort natürlich noch einen Prozess, der überprüft, ob Sie nur anfordern, aber nicht rezensieren oder ob Sie tatsächlich ein Rezensent sind. Das sehen Sie auch immer selbst. Sie sehen, wie viel Rezensionen Sie geschrieben haben, bei welchen Produkten Sie schlechte oder gute Rezensionen geschrieben haben. Sie kriegen ein Gefühl dafür, welche Inhalte die passenden für Sie sind und welche nicht. Das ist unser Viewport. (Abb. 4)

In einem nächsten Schritt haben wir analysiert, an welchen Prozessstellen wir am meisten Zeit brauchen. Da kam zum Beispiel eine Mitarbeiterin zu mir und sagte: „Ja, wenn jetzt tatsächlich Technologie zum Einsatz kommt, die meine Kompetenz der Manuskriptauswahl wegnimmt, dann brauchst du mich ja gar nicht mehr. Und dann macht mein Job ja gar keinen Spaß mehr, weil dann muss ich ja quasi nichts mehr tun." Ich habe ihr geantwortet: „Man muss das so und so sehen. Auch hier ist das Glas halb voll oder halb leer. Es ist nicht so, dass du nichts mehr zu tun hast, sondern die Wahrheit ist ja: Die Ressourcen-Verfügbarkeit ist immer geringer als der Bedarf an der Ressource." Also auf Deutsch, Sie können nicht genügend Menschen haben, um das, was Sie machen wollen, tatsächlich auf die Straße zu bringen oder in Leistung umzusetzen. Und demzufolge ging es um Überzeugungsarbeit. Und wir haben diese sogenannte Content-KI als Prototyp entwickelt. Sie gibt uns die Möglichkeit, in einem ganz einfachen Ampelsystem Rot, Grün und Gelb zu sagen: Ist ein Manuskript ein sich schnell drehendes Produkt oder braucht es etwas länger. Und gleichzeitig, ob es zum Verlagsprogramm passt oder nicht. Wir entwickeln das aktuell mit einem Partner in Stuttgart weiter, die diese KI belastbar machen und auf das Thema Hörbuch ausweiten. Zusätzlich werden uns dann Umsatzerlöse in einem gewissen Zeitraum ausgegeben bzw. was wir da erwarten können. Und dabei geht es nicht nur darum, die Spreu vom Weizen zu trennen, sondern es geht erstens um eine schnelle Reaktionsgeschwindigkeit für die Skript-Einreichung, denn nichts ist schlimmer für den Autor oder die Autorin, als auf ein Feedback zu warten. Bei vielen Verlagen dauert es sehr lange, weil einfach zu wenig Menschen da sind, um diese Arbeit zu erledigen. Man muss Manuskripte lesen und manchmal verpassen wir dadurch vielleicht Chancen. Für viele unserer Produkte könnten wir über eine KI bestimmen, welche wir machen unbedingt wollen, welche wir aber noch manuell überprüfen müssen und vielleicht auch Neues dabei entdecken. Weil genau das wollen wir nicht: Wir wollen nicht nur KI-geprüfte Manuskripte veröffentlichen. Und so mancher hatte auch schon die Idee, dann können wir es ja gleich publizieren. Nee, das machen wir nicht, sondern wir nutzen KI als Selektionsprozess.

Einige der Punkte, die Herr Schönenberger genannt hat, haben wir ebenfalls für zukünftige Anwendungen vorgesehen. So planen wir, beim Thema Community und Rezensenten die KI später auch zu nutzen, um unseren Rezensenten nicht mehr eine Fülle an 1000 Werken anzubieten, aus denen sie selbst selektieren müssen, sondern können ihnen gezielt Werke anbieten, von denen wir wissen, dass sie sich dafür interessieren werden aufgrund der Historie, die sie bei uns in den Rezensionen entwickelt haben, und aufgrund des Contenttyps, des Inhaltstyps, den sie gelesen haben.

Also Sie sehen, wir haben ein ganz anderes Einsatzmodell und nutzen KI nicht so häufig, wie das die Kollegen von Springer Nature tun, am Ende betten wir diese KI ein in unsere Technologie. Sie wird sicherlich der Kernbestandteil der Technologie sein und sie wird Bestandteil der Dashboards sein. Momentan findet Manuskript-Einreichung tatsächlich schon über den digitalen Prozess statt. Es findet eine Vorbewertung statt, die zukünftig fairerweise auch dem Autor sichtbar gemacht wird, damit er die Möglichkeit hat, sein Manuskript anderen Verlagen anzubieten, wenn wir von vornherein sagen, wir werden wahrscheinlich nicht in der Lage sein, das wirtschaftlich abzubilden, oder erreichen die Zielgruppe nicht.

Das ist die Idee hinter dem Einsatz von KI bei uns bzw. wie sie im Prototypstadium umgesetzt wird. Das funktioniert sehr gut.

Wir konnten die Ängste tatsächlich nehmen. Mittlerweile setzt das Team den Prototypen ein, um eine Vorauswahl zu treffen, und macht momentan noch quasi das Backmonitoring, indem es die Manuskripte trotzdem liest. Sobald im März 2023 der erste MVP fertig ist, also der erste Releasetyp, der technisch noch mal ein bisschen feiner arbeitet und selber weiter lernt, wird das sicherlich den Ansatzpunkt liefern, dass Manuskripte von vornherein schnell publiziert werden können und direkt ins Lektorat gehen und es gar keiner großen eigenen Prüfungen mehr bedarf.

Künstliche Intelligenz als Sparringspartner im Verlag

Michael Griesinger

Vielen Dank für die Einladung. Ich darf heute Abend etwas beitragen aus der Perspektive eines Dienstleisters, denn wir entwickeln KI-Modelle für Verlage. Wir stellen eine Technologie zur Verfügung, mit der unsere Verlagskunden bessere Entscheidungen treffen können. Den Vortrag habe ich überschrieben mit dem Satz „Künstliche Intelligenz als Sparringspartner im Verlag". Das Wort Sparringspartner ist mir dabei wichtig. Wir wollen nämlich, und das hat sich aus den bisherigen Vorträgen schon herauskristallisiert, nicht mit der KI den Menschen ablösen, sondern ihm eine zweite Meinung, eine Art unbestechliche Meinung an die Seite stellen, mit der er seine eigene Entscheidung vergleichen kann, in der Annahme, dass die Entscheidung durch die Unterstützung der KI besser wird.

Was ist Pondus? Die Verlagssoftware Pondus ist die zentrale Datendrehscheibe im Verlag (Abb. 1). Von der Produktanlage über die Titelmeldung ins Verzeichnis lieferbare Bücher, bis hin zu Produktions-, Vermarktungs- und Abrechnungsprozessen. Pondus begleitet den gesamten Produktlebenszyklus, vom Rechteeinkauf bis zur Vermarktung. Pondus selbst ist dabei nicht nur eine Software, in die man Daten einträgt, sondern sie ist auch vernetzt mit ganz verschiedenen Quellen. Also beispielsweise die

---

M. Griesinger (✉)
PONDUS Software GmbH, Hannover, Deutschland
E-Mail: griesinger@pondus.de

PONDUS bildet den ganzen Produktlebenszyklus ab

- Die PONDUS Verlagssoftware ist eine webbasierte Software, mit der Verlage ihre Produkte planen und steuern können
- Abbildung des gesamten Produktlebenszykluses, vom Rechteeinkauf bis zur Vermarktung
- PONDUS ist die zentrale Datendrehscheibe im Verlag
- Über Standard Schnittstellenund flexible Webservices (API) ernetzt PONDUS alle Systeme.

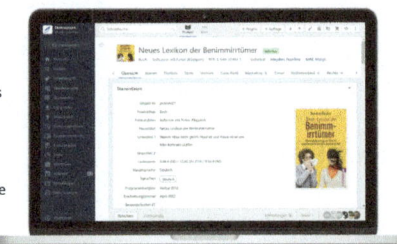

Abb. 1 PONDUS bildet den ganzen Produktlebenszyklus ab. (Quelle: eigene Darstellung)

schon angesprochene VLB-Meldung. Da gehen Daten aus der Software raus, aber es gibt auch Schnittstellen, über die Daten ins System importiert werden, beispielsweise von den Auslieferungen oder von Kassendaten. Unser Ansatz hat zunächst nur wenig mit den Inhalten von Büchern zu tun. Uns interessieren hier vor allem die Zahlen. Ich komme selbst aus dem Vertrieb, war 15 Jahre in Publikumsverlagen Key Account Manager und habe neben den Texten an sich viel mit Absatz- und Umsatzzahlen gearbeitet. Wenn man auf gute Zahlen zugreifen kann, bilden sie das Ausgangsmaterial, die Grundlage für eine Beratung, z. B. für den Handel. Zur persönlichen Begeisterung über ein Buch, die immer bleiben muss, hat man noch eine zweite Ebene, auf der man sich über Fakten austauschen kann.

Ich spreche heute Abend also weniger über Inhalte oder KI-Elemente, die Inhalte bewerten, sondern Absätze und KI-Algorithmen, die Absatzzahlen bewerten. Es gibt eine Fußgängerbrücke in Amsterdam, die mir sehr gut gefällt, weil sie aussieht wie eine Verkaufskurve. Wenn ich mir vorstelle, ich bin der Architekt und muss diese Brücke bauen, dann überlege ich mir, ich muss irgendwie auf die andere Seite kommen. Mache ich das in einem oder in zwei Bögen? Der Architekt, der diese Brücke geplant hat, hat sie in zwei Bögen gebaut. Ich bin aber kein Architekt, sondern ich arbeite im Verlag, ich muss eine Auflage schätzen. Ich möchte prognostizieren, wie oft sich das Buch verkaufen wird. Das heißt, wenn ich beim Bild der Brücke bleibe, dann stellt die Breite des Flusses den realen Absatz des Buches dar, und jeder Brückenbogen ist eine Auflage, die nötig ist, den Absatz abzudecken. Ich kann versuchen, das mit einer Auflage zu schaffen, oder ich rechne mit einer oder mehreren Nachauflagen. Allerdings kenn ich – und damit verlassen wir das Bild, vorher die Breite des Flusses nicht, ich weiß nicht, wie oft sich mein Buch verkaufen wird. Ich will also eine Brücke bauen, die mich bis ans andere Ufer bringt, oder viel eher eine Auflage drucken, die den gesamten Absatz abdeckt, dabei aber so klein wie möglich ausfällt, denn ich möchte ja möglichst keine oder wenig Restauflage haben.

Ich brauche im Verlag eine Methode, die Breite des Flusses – die Höhe des Absatzes -irgendwie abzuschätzen, muss die Verkaufschancen meines Buches prognostizieren, um Auflagen zu planen. Und Prognosen haben immer die Tendenz, ungenau zu sein. Die Frage ist nur, wie groß ist der Grad der Ungenauigkeit? Darauf komme ich nachher noch mal zu sprechen, wenn es um die Bewertung geht.

Wir bei Pondus haben uns vor einigen Jahren schon überlegt: „Können wir KI-Modelle entwickeln und unseren Verlagen anbieten, mit denen wir den Grad der Genauigkeit verbessern und die Prognosen und damit die Entscheidungen genauer machen können?" Wir haben ein Projekt zu KI in Buchverlagen bzw. im Buchmarkt gestartet, das von der EU im Rahmen des „Europäischen Fonds für regionale Entwicklung EFRE" gefördert wurde. Das Projektteam besteht aus meinen Kollegen von Pondus, aus der Firma Ehrenmüller, das ist ein KI-Spezialist aus dem Allgäu, und aus dem Team um Professor Rosenhahn von der Leibniz Universität in Hannover. Mit Prof. Rosenhahn haben wir uns die Grundlagen erarbeitet, die ganzen theoretischen Hintergründe, die Okke Schlüter vorher angesprochen hatte, etwa zu Deep Learning, Machine Learning, oder neuronalen Netzen. Darüber hinaus sind wir mit der HdM und Okke Schlüter in regelmäßigem Austausch. Das ist auch der Grund, weshalb es uns heute hierher geführt hat.

Auf dieser Basis haben wir zusammen mit Ehrenmüller zunächst mehrere Proof sof Concept, also Machbarkeitsstudien mit

Verlagen durchgeführt, mit der Fragestellung: Kann ein KI-Modell eine Absatzprognose, in dem Fall war das Absatzziel zwölf Monate nach Erscheinen, besser, präziser ermitteln, als der Mensch das kann? Dazu braucht man erst mal eine große Menge Daten. Und die Daten müssen strukturiert vorliegen. Wir haben nicht diese breiten, selbstlernenden Systeme eingesetzt, sondern relativ trockene Maschine-Learning-Algorithmen, die gut strukturierte Daten brauchen. Das war der erste Step. Dann haben wir geprüft: Liegen die menschlichen Schätzzahlen strukturiert vor, die wir für den späteren Vergleich brauchen? Sie waren manchmal gar nicht so leicht zu organisieren, weil sie in Datensilos, zum Beispiel in einzelnen Excel-Dateien vorlagen. Das heißt, wenn man so ein Projekt anfängt, dann hat man am Anfang viel Handarbeit, bevor man einen guten Prozess entwickelt.

Wir hatten in einem der Proofs of Concept circa 1000 Titel zur Verfügung als Testmaterial, davon haben wir 800 genommen, haben mit den 800 Titeln unser KI-Modell trainiert und das Modell die übrigen 200 Titeln testweise prognostizieren lassen. Und das hier sind die Ergebnisse dieser 200 Titel (s. Abb. 2), die sich in Summe ungefähr 350.000-mal verkauft haben. Die Summe, die die KI prognostiziert hat, lag knapp unter 350.000. Und wenn man die von Menschen prognostizierte Zahl daneben stellt, das ist die ganz rechte Zahl, dann sieht man, dass der Mensch mit

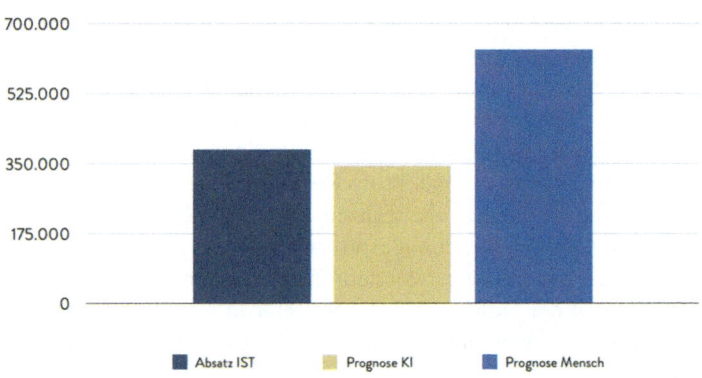

Abb. 2 Die KI hilft das Planungsrisiko deutlich zu reduzieren. (Quelle: eigene Darstellung)

650.000 bis 700.000 Exemplaren sehr hoffnungsgetrieben, euphorisch und optimistisch ist. Aber das hat am Ende leider nichts mit der Wirklichkeit zu tun. Für alle, die sich mit KI schon ein bisschen auskennen: Vorsicht, das ist statistisch nicht sauber, weil wir hier negative und positive Abweichung quasi miteinander verrechnen, und das darf man nicht tun, dazu komme ich gleich noch. Es ist trotzdem ein schönes Bild, deshalb habe ich es stehen lassen. Und ganz falsch ist es ja auch nicht.

Also, was haben wir bekommen? Wir haben die KI mit 800 Titeln gefüttert. Wir haben 200 Titel testweise ausprobiert und wir haben Prognosen zurückbekommen (s. Tab. 1). Das war eine schöne Liste mit vielen Zahlen, durch die man als Mensch erst mal überhaupt nicht durchsteigt. In jeder Zeile steht ein Produkt, die Spalte „n_sales" zeigt die tatsächlichen Verkäufe in den ersten zwölf Monaten, für dieses Produkt stehen hier 7107 Exemplare. Der „Sales Forecast" in Blau in der obersten Zeile war für diesen Titel gut 1900 Exemplare, das ist der Wert von der KI. Und der

Tab. 1 Proof of Concept – Absatzprognose

produkt_id	n_sales	sales_forecast	test_data	AE	APE (A-F)/A	Plan	AE Plan	APE Plan
1869	7107	1.917,37	WAHR	5190	73,02 %	5000	2107	29,60 %
1978	3632	6.370,18	WAHR	2738	75,40 %	10.000	6368	175,30 %
1224	8221	4.908,02	WAHR	3313	40,30 %	10.000	1779	21,60 %
1654	1747	1.904,89	WAHR	158	9,00 %	6000	4253	243,40 %
1732	4050	4.267,28	WAHR	217	5,36 %	3000	1050	25,90 %
1965	123	151,576	WAHR	29	23,20 %	1500	1377	1119,50 %
2628	1643	3.483,75	WAHR	1841	112,04 %	6000	4357	265,20 %
4068	6587	6.819,26	WAHR	232	3,50 %	12.000	5413	82,20 %
5451	8710	3.919,65	WAHR	4790	55,00 %	8000	710	8,20 %
2727	2135	5.697,23	WAHR	3562	166,80 %	6000	3865	181,00 %
3468	15021	7.369,04	WAHR	7652	50,90 %	8000	7021	46,70 %
3420	3764	1.877,94	WAHR	1886	50,10 %	4000	236	6,30 %
2087	18417	10.515,74	WAHR	7901	42,90 %	12.000	6417	34,80 %
2530	1386	2.893,61	WAHR	1508	108,77 %	8000	6614	477,20 %
2878	1524	3.275,92	WAHR	1752	114,96 %	6000	4476	293,70 %
6539	688	894,282	WAHR	206	30,00 %	3500	2812	408,70 %
26	2608	1.304,35	WAHR	1304	50,00 %	4000	1392	53,40 %
2854	18003	7.322,51	WAHR	10.680	59,30 %	9000	9003	50,00 %

Fehler, die Abweichung zum Ist-Wert lag bei 5200. Na ja, geht so. Und der Mensch hat 5000 Exemplare geschätzt – in Spalte „Plan", mit einer Abweichung von 2000 Exemplaren. Da muss man sich fragen: Was soll denn an der KI besser sein, wenn sie hier so deutlich danebenliegt? Die KI liegt natürlich auch daneben. Sie schätzt aber in Summe viel genauer und sie ist strukturell an bestimmten Punkten präziser als der Mensch.

Um das zu erkennen, braucht man eine andere Visualisierung. Wir haben das gelöst mit einem Punktediagramm (Abb. 3), in dem wir diese 200 Titel abgebildet haben. Nach rechts abgetragen sind die Ist-Zahlen dieser 200 Titel, also die Ist-Absätze bis zu 20.000 Exemplaren und nach oben das, was die KI geschätzt hat. Ein Punkt, der auf dieser diagonalen Ideallinie liegt, bedeutet, dass in dem Fall die KI genau das geschätzt hat, was am Ende verkauft wurde. Wenn man versucht, diese Linie zu beschreiben, dann sieht man: Bei Verkäufen unter 8000 Exemplaren, ist die KI relativ nah an der Ideallinie dran. Bei den größeren Stückzahlen hat sie die Tendenz zu unterschätzen. Also ein Punkt, der unter der Linie liegt, ist ein Unterschätzen.

Wenn wir die Verkäufe dieser 200 Titel mit den menschlichen Schätzungen vergleichen, dann sieht es so aus (Abb. 4). Man erkennt zwei Dinge ganz gut: in den unteren Bereichen, in denen die KI relativ nah dran war, liegt der Mensch immer darüber, vermutlich weil er in jedes Buch seine ganze Hoffnung, seinen ganzen Optimismus steckt. Und man sieht: Der Mensch schätzt

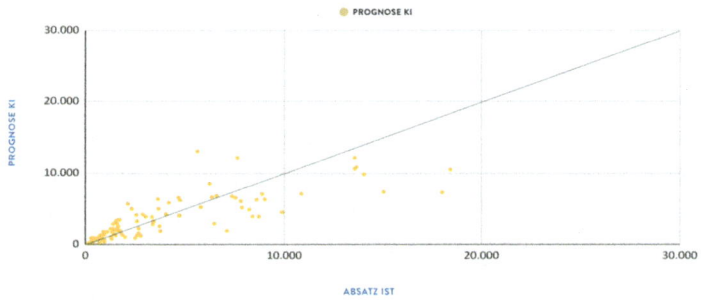

Abb. 3 Prognosen der KI. (Quelle: eigene Darstellung)

Künstliche Intelligenz als Sparringspartner im Verlag

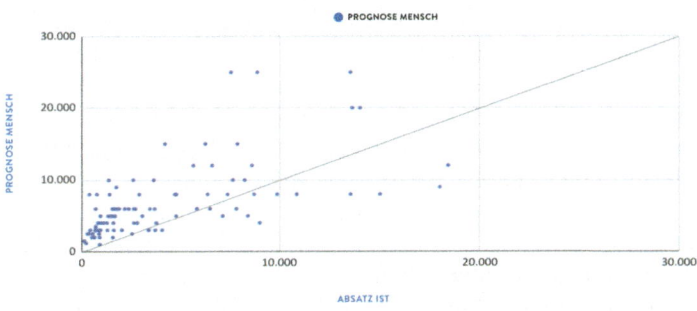

Abb. 4 Prognosen des Menschen. (Quelle: eigene Darstellung)

in Tausenderschritten. Das ist auch in Ordnung, weil eine genauere Schätzung überkomplex wäre. Man möchte nicht 5200 schätzen, sondern man schätzt 5000 oder 6000 Exemplare. Das heißt, diese zwei sehr einfachen Effekte lassen schon auf den ersten Blick ganz deutlich erkennen, an welchen Stellen die KI strukturell besser ist. Bei den höheren Stückzahlen sieht man, dass der Mensch manchmal sehr optimistisch, manchmal aber auch sehr defensiv war. Wir haben das Gleiche mit einem anderen Verlag probiert, der war bei höheren Stückzahlen fast immer zu vorsichtig. Dort wurden auch bei den Titeln, die sich sehr gut verkauft haben, immer höchstens 10.000 Exemplare geschätzt. Wenn ein Verlag anhand eines solchen Proof of Concept beschließt, alle Prognosen unter 8000 Exemplaren noch mal zu überdenken, dann hat er bereits auf KI reagiert und KI in seine Prozesse eingebaut, ohne dass sie mit der Peitsche hinter ihm steht und sagt: „Du musst es so und so machen!". Sondern sie hat ihm nur zwei Bilder gezeigt, auf die er reagieren und seine eigene Entscheidung anpassen kann.

Wir haben im Bild gesehen, wo KI besser ist. Aber wir wollen es auch mathematisch nachvollziehen. Jeder einzelne Punkt hat einen Abstand zu der Ideallinie. Wir zählen jetzt die Abstände von jedem einzelnen Punkt zu der Ideallinie zusammen, und zwar egal, ob von oben oder von unten. Wir nehmen die Abstände absolut und zählen die Abweichung beim Menschen und die bei der KI zusammen und bringen die beiden Summen in ein Verhältnis.

Und dann sieht es nämlich so aus (Tab. 2). Die Abweichung des Menschen war in diesem Proof of Concept mit den 200 Titeln im Schnitt 3700 Exemplare. Das ist die obere Zahl unter MAE – Mean Absolute Error. Um 3700 Exemplare lag der Mensch mit seiner Einschätzung im Schnitt daneben, die KI bei diesen 200 Titeln um 1600 Stück. Das ist eine Verbesserung von 50 % im Schnitt. Und auch wenn die KI im Einzelfall auch komplett danebenliegen kann, er erkennt man schon, dass da Substanz drin ist. Wenn man die Abweichungen, also die Abstände der einzelnen Punkte zur Ideallinie prozentual ausdrückt, dann sind die Verbesserungen sogar noch deutlicher. In unserem zweiten Proof of Concept, waren die Werte ähnlich. Das heißt, es scheint strukturell tatsächlich Optimierungsmöglichkeiten durch KI bei Prognoseverfahren im Verlag zu geben.

Die vorgestellten Ergebnisse beziehen sich auf einen abgeschlossenen Zeitraum, den abgeschlossenen Bereich in diesem Proof of Concept. Aber wie kann man das KI-Tool in den Workflow einbeziehen, in den Prozess, den der Mensch beim Büchermachen hat, einbauen? Das könnte zum Beispiel so aussehen (Abb. 5). Wir haben hier eine Situation „Vorkalkulation". Das

Tab. 2 Absatzprognose Mensch und KI – quantifizierte Abweichung

	MAE	MAPE
Mensch	3679	220,30 %
Künstliche Intelligenz	1612	47,50 %
Verhältnis	**−56,20 %**	**−70,20 %**

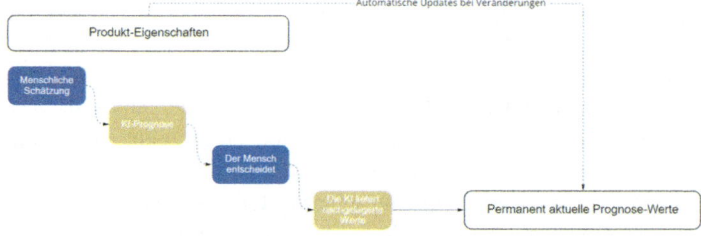

Abb. 5 Implementierung der KI Prognosen am Beispiel Vorkalkulation. (Quelle: eigene Darstellung)

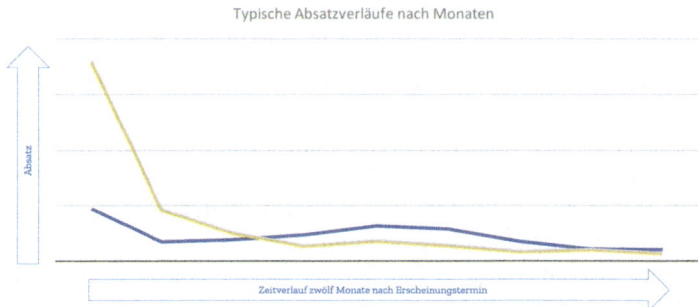

Abb. 6 Typische Absatzverläufe nach Monaten. (Quelle: eigene Darstellung)

heißt, dieses Buch wird gerade eingekauft, man überlegt sich, wie oft wird sich das wohl verkaufen und hat dazu eine Absatzprognose, um auszurechnen, wie hoch der Umsatz sein wird. Was kann ich mir für ein Honorar leisten, welche Ausstattungsform und dergleichen. In unserem Entwurf ist vorgesehen, dass der Mensch an dieser Stelle eine Schätzung abgibt, die er auch noch spezifizieren kann, und dann per Klick auf einen Button eine KI-Prognose zurückbekommt. Die ist jetzt hier unten eingetragen mit 3000 und 4000 Exemplaren (Abb. 6).

Das funktioniert schon. Wir haben das noch nicht live, aber die Technik dahinter funktioniert bereits. Wir können diesen Klick schon simulieren und bekommen innerhalb von wenigen Sekunden eine Antwort zurück. Mit dieser Antwort macht der Mensch das, was er für richtig hält. Denn die KI darf nicht entscheiden, wie oft sich das Buch verkauft. Das muss der Mensch entscheiden. Die KI kann nur einen Rat geben. Das heißt, die Entscheidung bleibt am Ende beim Menschen und wir haben dann das, was wir in den vorherigen Vorträgen auch schon gehört haben, die tatsächliche Mensch-Maschine-Interaktion, die am Ende zu einer besseren Entscheidung des Menschen führt.

Der Vorteil, wenn man so einen Prozess hat, der so eine Prognose automatisiert berechnen kann, der ist nicht nur in dem einen Moment gegeben, in dem man die Prognose braucht. Es kommt im Verlag, häufig vor, dass sich Produkte verschieben. Der Autor braucht länger, oder der ursprünglich geplante Veröffentlichungstermin hat sich als ungünstig herausgestellt. Wir haben zum Beispiel ein Produkt, das ursprünglich für den März geplant war, plötzlich im Oktober und der Umsatz fehlt im März und im Oktober ist er zu viel. Und außerdem verkauft sich ein Buch, das im Oktober erscheint, möglicherweise anders als eines, das im März herauskommt. Wir haben im Grunde ganz unterschiedliche Einflussfaktoren, die die KI automatisiert weiterrechnen kann. Das heißt, wir können unsere gesamte Unternehmensplanung, die ganzen Verschiebungen, die auf unsere Unternehmensplanung einwirken, sehr viel besser nachhalten und monitoren. Die KI rechnet nicht nur aus, wie viele Exemplare wir insgesamt verkaufen. Sie kann sich auch dieses gerade eben erwähnte Verteilungsschema viel besser überlegen, als der Mensch es macht. Der Mensch plant immer 80 % im ersten Monat ein und wartet dann ab. Aber es ist sehr viel komplexer und es ist je Programmbereich komplex. Und wenn man nur mal die Daten nimmt, die man sich dann da zusammengesammelt hat, und die Erscheinungstermine auf null setzt und schaut, wie verkauft sich denn die Psychologie im Vergleich zum politischen Sachbuch, dann wird schnell klar, es ist komplett unterschiedlich und der Abgleich mit den Ergebnissen der KI hilft einem nicht nur besser zu planen, sondern auch sein Unternehmen besser zu verstehen.

Bis jetzt ging es um Absatzprognosen eines Projektes, mit überschaubaren Anforderungen an das Datenmodell (Abb. 7). Für

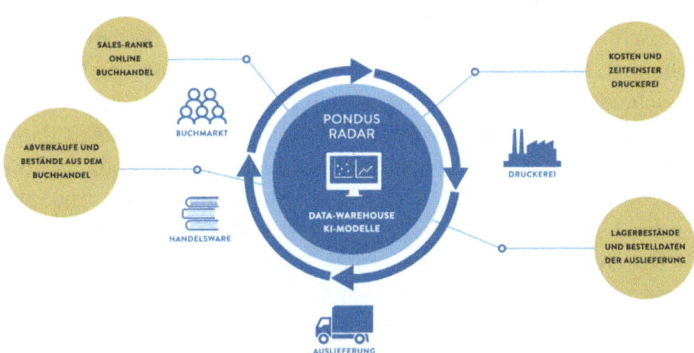

Abb. 7 KI-Modelle beim Nachauflagen-Prozess. (Quelle: eigene Darstellung)

eine genauere Planung von Erstauflagen und Nachauflagen können sehr viele weitere Parameter eine Rolle spielen. Dann zählt nicht nur die Absatzprognose an sich, sondern die Rahmenbedingungen verändern sich permanent. Möglicherweise liegen Vormerker aus dem Handel vor, oder das Buch ist schon erschienen und wir bekommen Kassendaten, oder Daten aus der Druckerei, Cost-Feeds, mit denen wir analysieren können, welche Produktionsmethode die beste ist. Das heißt, die Datenperspektiven werden immer vielfältiger, die Entscheidungen werden immer schwieriger. Da kann an den unterschiedlichsten Stellen Künstliche Intelligenz den Menschen bei seinen Entscheidungen unterstützen.

Und damit komme ich auch schon zum Ende. Wir glauben, dass KI-Modelle einen Teil dazu beitragen können, die Transparenz bei den Entscheidungsprozessen zu erhöhen. Damit senkt man natürlich auch die Prozesskosten, weil alle Beteiligten auf die gleichen Zahlen schauen. Man muss nicht immer nachfragen, war das jetzt mit oder ohne Remittenden? Alle Daten liegen transparent vor. Die genaueren Prognosen ermöglichen Druckkosten zu sparen, damit schonen wir Ressourcen, die dringend geschont werden müssen, in vielerlei Hinsicht. Und wir verwenden die KI als Sparringspartner und überlassen am Ende die Entscheidung den Menschen.

Ausblick

Okke Schlüter

Durch die Vorträge und Praxisbeispiele wird deutlich, dass KI-Anwendungen an den verschiedensten Stellen der verlegerischen Wertschöpfungskette nutzbringend eingesetzt werden können, man kann fast sagen: an allen. Natürlich ist der Einsatz von KI-Technologien kein Selbstzweck, aber es ist für Verlage und Publisher allemal ratsam, die eigenen Aktivitäten und Prozesse anhand folgender Fragen zu analysieren:

- In welchen Prozessen können KI-Anwendungen Zeit und Kosten sparen?
  Gleichgültig, ob in Lektorat, Herstellung, Marketing oder Vertrieb – überall dort, wo auf der Basis von Daten Entscheidungen getroffen werden, kann KI unterstützen: entspricht z. B. die Spannungskurve eines Romans den Mustern erfolgreicher Titel aus der Vergangenheit? Wie sieht ein typischer Marketingtext aus, sollen meine Texte dem ähneln oder sich bewusst davon abheben? Welche Auflagenhöhe ist bei einem Nachdruck empfehlenswert (vgl. den Beitrag von M. Griesinger). Bei der zeitlichen Dimension geht es vor allem um „Time to Market", um schneller auf Trends reagieren zu können.

O. Schlüter (✉)
Hochschule der Medien, Stuttgart, Deutschland
E-Mail: schlueter@hdm-stuttgart.de

- Welche KI-Anwendungen können helfen, die Qualität bzw. den Kundennutzen zu erhöhen?

  Hier geht es vor allem darum, wie eine höhere Kundenzufriedenheit respektive eine höhere Zahlungsbereitschaft erreicht werden kann (bestehende Angebotsformen optimieren). Wonach hat meine Zielgruppe gesucht, was erwartet sie? Enthält ein Ratgebertitel oder ein Sachbuch alle relevanten Themen? Was das Medienformat betrifft, kann generative KI helfen, Text günstig und hochwertig in Audioformate umzuwandeln.

- Welche neuen Produkte oder Dienstleistungen werden durch den Einsatz von KI-Anwendung im Verlag möglich?

  Hierbei geht es um Innovationen bzw. neuartige Angebote bei Content und Packaging (z. B. durch Customizing oder Empfehlungen). Werden durch KI eventuell auch individualisierte Produkte möglich, die auf die Bedürfnisse Einzelner zugeschnitten sind? Im Bereich Corporate Publishing bzw. Content Marketing können Custom Books mit einem niedrigeren Ressourceneinsatz erstellt und dadurch evtl. profitabel angeboten werden.

- Welche KI-Potenziale ermöglichen Disruption oder Einstieg von branchenfremden Anbietern?

  Dabei geht es weniger um einen eventuell höheren Kundennutzen als um Substitutionsrisiken, weil neue Wettbewerber mit KI verlagsähnliche Leistungen erbringen können. Auch hier sind Daten der Ausgangspunkt: das Wissen über Kundeninteressen und die Zufriedenheit mit Produkten aus der Vergangenheit versetzte grundsätzlich jedes Unternehmen in die Lage, mit generativer KI Erfolg versprechenden Content zu erstellen. Dadurch wächst der Kreis potenzieller Wettbewerber. Auch die KI-gestützte Trendanalyse ist kein exklusives Wissen von Verlagen und gibt wichtige Hinweise auf eine erfolgreiche Programmplanung.

Diese Auflistung von Leitfragen erhebt nicht den Anspruch auf Vollständigkeit, vielmehr sollen sie die relevanten Aspekte etwas bündeln. Durch jeden einzelnen Aspekt wird deutlich, dass ein

Handlungsbedarf besteht. Streng genommen ist der Zweck dieser Publikation ein Call to Action. Durch die sich ständig weiterentwickelnden technischen Möglichkeiten ist auch Zeit ein kritischer Faktor: Abwarten bestraft der Markt. Daher können als Handlungsempfehlung folgende Schritte formuliert werden:

1) Stoßen Sie interne Diskussionen über Abteilungsgrenzen hinweg an.
2) Definieren Sie konkrete und messbare Ziele (vgl. SMART-Methode), wie Sie die Potenziale von KI-Anwendungen ermitteln und für Ihren Verlag nutzen wollen.
3) Holen Sie sich bei Bedarf Unterstützung durch Beratung oder Partnerschaften. Da Zeit eine kritische Größe ist, spielt Geschwindigkeit eine Rolle.
4) Warten Sie nicht – beginnen Sie noch diese Woche.

Zum Glück sind Sie in dieser Situation nicht allein: Tauschen Sie sich mit anderen Verlagen aus. Nutzen Sie die Angebote Ihres Branchenverbandes wie des Börsenvereins des deutschen Buchhandels oder der deutschen Fachpresse. Arbeiten Sie mit Hochschulen und Universitäten zusammen, die entsprechende Themen lehren und erforschen. Das gesamte Publishing-Ökosystem ist allemal robust, um diese Aufgaben gemeinsam zu stemmen. Dabei hilft es, sich klarzumachen, dass nicht die bekannten Marktbegleiter den Wettbewerb darstellen, sondern branchenexterne Disruptoren.

Coopetition, die Zusammenarbeit mit Wettbewerbern, ist einmal mehr das Gebot der Stunde.

Die Veranstalter von „KI als Zukunftsmotor für Verlage" bleiben dabei Ansprechpartner und Moderatoren des Austauschs durch regelmäßige Veranstaltungen. Sprechen Sie uns gerne an.

SPRINGER NATURE

GPSR Compliance

The European Union's (EU) General Product Safety Regulation (GPSR) is a set of rules that requires consumer products to be safe and our obligations to ensure this.

If you have any concerns about our products, you can contact us on ProductSafety@springernature.com

In case Publisher is established outside the EU, the EU authorized representative is:

Springer Nature Customer Service Center GmbH
Europaplatz 3
69115 Heidelberg, Germany

The manufacturer's authorised representative in the EU is Springer Nature Customer Service Centre GmbH, Europaplatz 3, 69115 Heidelberg, Germany. If you have any concerns regarding our products, please contact ProductSafety@springernature.com

Printed and bound by CPI Group (UK) Ltd, Croydon, CR0 4YY
25/03/2026
02078173-0003